智能制造生产线操作与应用

主　编　王守顺　段宏钢　柴　华
副主编　贾德凯　顾　凯　李晓明
参　编　李　慧　李苑玮　王　波

配套资源

北京理工大学出版社
BEIJING INSTITUTE OF TECHNOLOGY PRESS

内 容 简 介

随着工业4.0时代技术的发展，标准化、大批量的同质化产品制造已无法满足市场需求，消费者越来越追求个性化的产品，因此不断发展的个性化要求也将会改变生产过程。在大规模定制的需求下，矩阵式生产（Matrix Production）这一先进的制造加工理念应运而生，以此来满足产品的品类和型号越来越多且生产件数不断变化的要求。矩阵式生产建立在分门别类的标准化生产单元基础上，将任意数量的这类生产单元归置在一个网格上，通过可配置的生产单元，并借助AGV小车进行零件和工具的运输，来完成矩阵式生产，这一柔性化智能制造系统可以称为矩阵式生产线。通过学习、了解矩阵式生产线的部署实施与应用，并从智能四轴铣削加工单元、智能三轴铣削加工单元、智能检测单元、智能组装单元、智能总装单元、质检打标单元、智能巷道仓储单元和智能环形仓储单元等生产单元提炼出满足职业院校及应用型本科教学的项目任务案例。

本教材主要面向职业院校及应用型本科院校相关师生，同时也能为想要了解学习矩阵式生产的工程技术人员提供相关参考及指导。

版权专有　侵权必究

图书在版编目（CIP）数据

智能制造生产线操作与应用 / 王守顺，段宏钢，柴华主编. -- 北京：北京理工大学出版社，2023.8
ISBN 978-7-5763-2797-7

Ⅰ. ①智… Ⅱ. ①王… ②段… ③柴… Ⅲ. ①智能制造系统–自动生产线–操作 Ⅳ. ①TH166

中国国家版本馆CIP数据核字（2023）第161983号

责任编辑：多海鹏	**文案编辑**：多海鹏
责任校对：周瑞红	**责任印制**：李志强

出版发行 /	北京理工大学出版社有限责任公司
社　　址 /	北京市丰台区四合庄路6号
邮　　编 /	100070
电　　话 /	（010）68914026（教材售后服务热线）
	（010）68944437（课件资源服务热线）
网　　址 /	http://www.bitpress.com.cn
版 印 次 /	2023年8月第1版第1次印刷
印　　刷 /	河北盛世彩捷印刷有限公司
开　　本 /	787 mm×1092 mm　1/16
印　　张 /	15
字　　数 /	346千字
定　　价 /	79.00元

图书出现印装质量问题，请拨打售后服务热线，负责调换

前　言

智能制造泛指智能制造技术和智能制造系统，它是人工智能技术和制造技术相结合的产物，是制造强国建设的主攻方向，其发展程度直接关系到我国制造业质量水平。发展智能制造对于巩固实体经济根基、建成现代产业体系、实现新型工业化具有重要作用。随着全球新一轮科技革命和产业变革的突飞猛进，新一代信息通信、生物、新材料、新能源等技术不断突破，并与先进制造技术加速融合，为制造业高端化、智能化和绿色化发展提供了历史机遇。

党的二十大报告指出："必须坚持科技是第一生产力、人才是第一资源、创新是第一动力"，全面推进智能制造领域发展离不开人才的培养。2023年，教育部办公厅发布《教育部办公厅关于加快推进现代职业教育体系建设改革重点任务的通知》，其中明确了包含"开展职业教育一流核心课程建设""展职业教育优质教材建设"在内的重点任务。创新人才培养模式、深化产教融合培养创新型产业人才，为中国式现代化提供强有力的人才支撑，是时代赋予职业教育者的新命题。

校企协同编写教材是职业院校与行业企业深度产教融合的体现，也是拓展校企合作的形式与内容之一。本书由山东科技职业学院协同北京华航唯实机器人科技股份有限公司采用校企双元的方式共同开发，基于智能制造企业中矩阵式生产线，围绕数控加工、智能检测、操作编程、智能仓储等典型生产场景，以从业人员的职业素养、技能需求为依据，采用工作任务页的形式编写。工作任务活页内，包含任务目标、前期准备、信息页、工作页，以实际应用中的典型工作任务为主线，配合实训流程，详细地剖析讲解对应技术岗位所需要的知识及技能。

本书强调知识和任务操作之间的匹配性，通过资源标签或者二维码链接形式，提供了配套的学习资源，利用信息化技术，采用PPT、视频等形式对书中的核心知识点与技能点进行深度剖析和详细讲解，降低了读者的学习难度，可有效提高读者的学习兴趣和学习效率。

本书由山东科技职业学院的王守顺、段宏钢以及北京华航唯实机器人科技股份有限公司的柴华任主编，山东科技职业学院的贾德凯、李晓明以及北京华航唯实机器人科技股份有限公司的顾凯任副主编，北京华航唯实机器人科技股份有限公司的李慧和山东科技职业学院的李苑玮、王波参与编写。在本书的编写过程中，北京华航唯实机器人科技股份有限公司张大维、董笪权等工程师给予了大力支持及帮助，在此表示衷心的感谢。

由于水平有限，对于书中不足之处，希望广大读者提出宝贵意见。

编　者

目 录

绪 论	1
工作任务一　零件的自动化车削加工	3
工作任务二　活塞的智能铣削加工	19
工作任务三　零件的智能铣削加工	31
工作任务四　零件成品的智能检测	49
工作任务五　零件的智能组装	67
工作任务六　产品的智能装配	79
工作任务七　产品的激光打标加工	89
工作任务八　基于巷道式货架的智能仓储	99
工作任务九　基于环形货架的智能仓储	111
工作任务十　生产线的数据采集与监测（MES）	123
工作任务十一　AGV 及其调度系统的应用	143
工作任务十二　配合巷道式仓储的智能车削加工	165
工作任务十三　配合巷道式仓储的智能铣削加工	183
工作任务十四　配合环形仓储的智能装配	201
工作任务十五　利用生产线完成产品的智能制造	217
参考文献	230

绪 论

"十四五"时期,新一轮科技革命和产业变革深入发展,新一代信息技术与制造业深度融合,数字产业化和产业数字化进程加快,智能制造由理念普及、试点示范进行深入应用、全面推广的新阶段,已经成为推动制造业高质量发展的强劲动力。推进智能制造有助于带动新兴产业发展,助推传统产业转型升级,对巩固壮大实体经济根基、加快发展现代产业体系等具有重要意义。

伴随着不断升级的智能制造发展需求,智能检测与智能制造技术人才的缺口也随之而来,智能制造领域工程应用型人才培养将成为影响领域发展的关键环节之一。开发响应当前智能制造发展需求、基于智能制造典型场景、适应企业人才能力培养需求的活页式实训任务手册,将为人才培养提供强有力的技术支撑。

本书实训案例基于图0-1所示智能制造矩阵式生产线设计及实施,通过各个实训任务最终将完成图0-2和图0-3所示产品的生产制造。其生产线包含智能车削加工单元、智能四轴铣削加工单元、智能三轴铣削加工单元、智能检测单元、智能组装单元、智能总装单元、质检打标单元、智能巷道仓储单元和智能环形仓储单元,共计9个独立的生产加工单元。各生产加工单元呈现矩阵式分布,深度融合制造过程和物流过程,可根据生产任务要求自由组合智能单元进行定制化生产,满足小批量、多规格定制化生产需求。

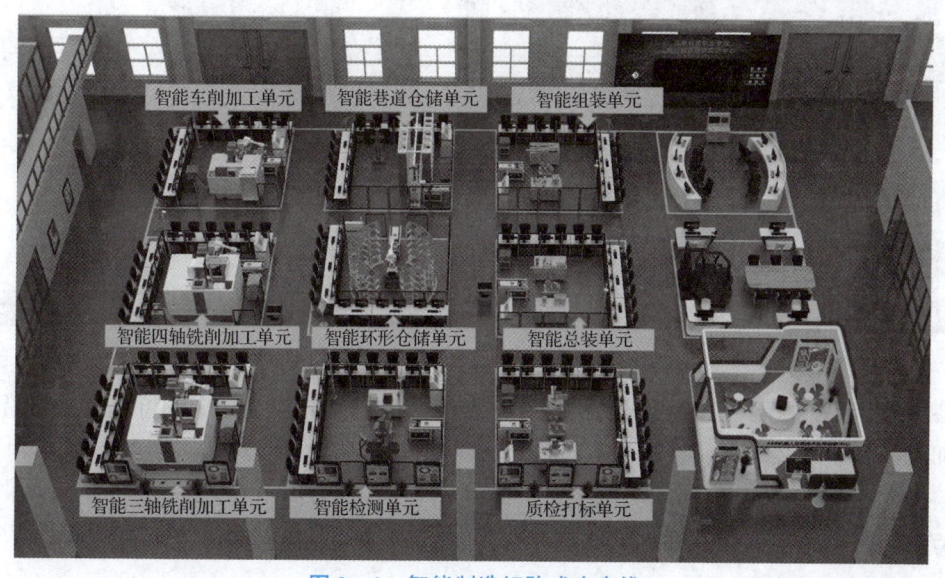

图0-1 智能制造矩阵式生产线

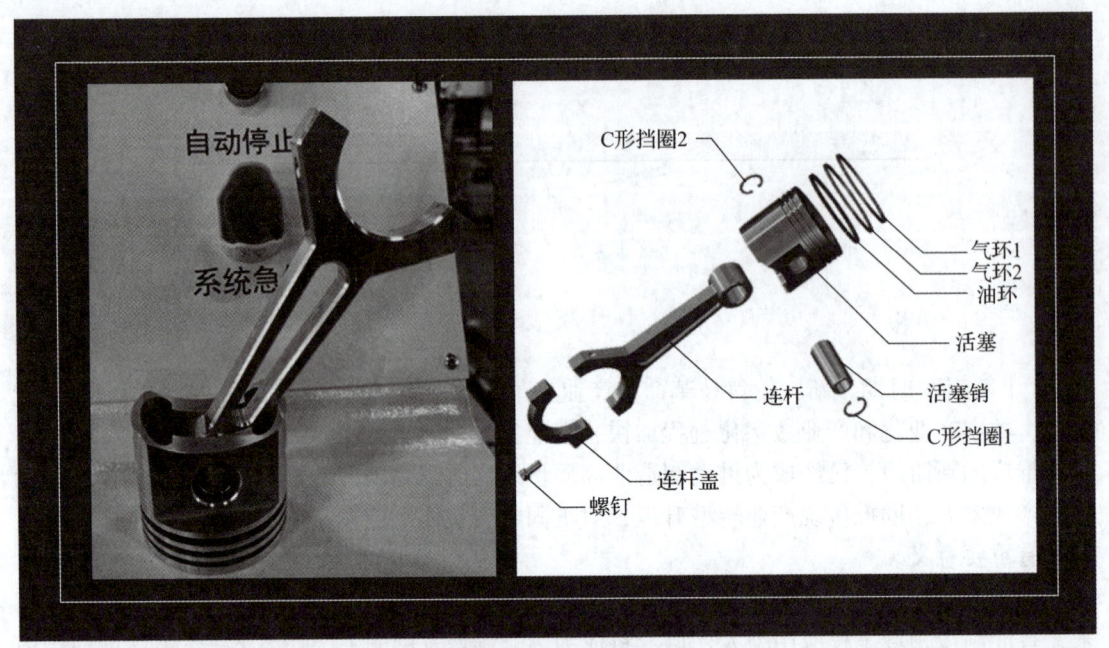

图0-2 活塞连杆产品

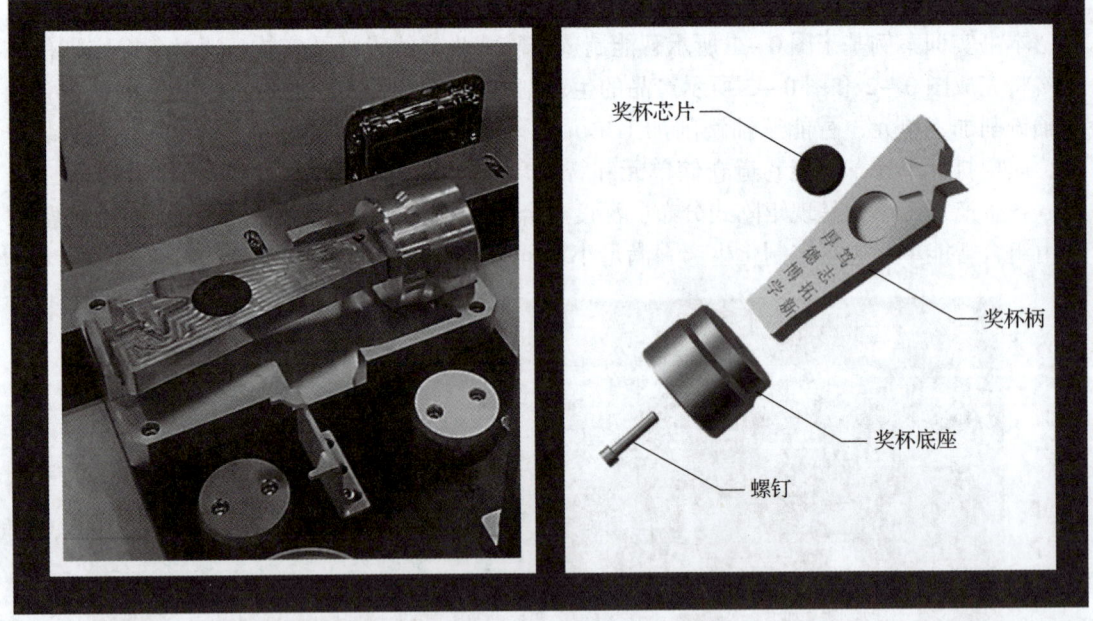

图0-3 奖杯产品

各个生产单元配备不依赖于产品的装备和产品特有的基本功能性。单元内部配置机器人、加工单元、工装平台和快换工具等，同时允许添加工艺设备对这些生产单元进行个性化扩展。生产线利用 AGV 小车群组成一个物流网络，高效智能地完成仓库和生产单元之间的物流活动，降低运营成本和提高存储物流效率，构成自主动态调节、高度柔性生产的全新生产模式。

工作任务一

零件的自动化车削加工

一、任务目标

根据零件车削加工图纸制定车削加工工艺，在智能车削加工单元的数控车床、触摸屏中执行编程及调试等操作，最终实现奖杯零件和活塞粗坯的第一次粗略自动化加工。

【知识目标】
（1）了解智能车削加工单元的组成及功能；
（2）了解智能车削加工单元的工艺流程；
（3）了解智能车削加工单元的通信关系。

【能力目标】
（1）能够识读车削加工图纸，获取零部件加工参数；
（2）能够制定零部件加工的工艺表单；
（3）能够根据加工需求完成零部件车削加工程序的编写及调试；
（4）能够联合调试智能车削加工单元实现奖杯零件和活塞粗坯的第一次粗略自动化加工。

【素养目标】
（1）学习与工作中的沟通协调能力和再学习能力；
（2）认真负责的工作态度、耐心细致的工作作风、严谨规范的工作理念；
（3）遵照行业安全工作规程进行操作的意识。

二、前期准备

1. 技能基础

（1）具备三坐标测量机的基本操作能力，如三坐标测量机的开机、接通、回零、手柄操作、测量软件的使用等；
（2）具备利用三坐标测量机对零件被测要素相关的形位公差进行手动编程和自动编程的技能；
（3）具备机器视觉的基本操作能力，如开机、接通、通信设置、建立场景模板、设置传送参数等；
（4）具备工业机器人的基本操作能力，如开机、接通、手动、自动切换、操作与编程等；
（5）具备智能检测单元电气设备的基本操作能力，如单元上电、上气、开关机、触摸屏操作等；

(6) 具备智能检测单元相关设备的风险识别和安全操作意识。

2. 仪器设备

仪器设备涉及智能车削加工单元、游标卡尺、车削刀具和末端执行器，如表 1-1 所示。

工具快换装置的工作原理

表 1-1 仪器设备

序号	仪器仪表	图示
1	智能车削加工单元	
2	游标卡尺	
3	刀具	
4	末端执行器	

三、信息页

1. 智能车削加工单元的组成及功能

1) 智能车削加工单元的组成

智能车削加工单元为某智能制造矩阵式生产线中的重要组成单元，包括以下子模块：六轴工业机器人、AGV 对接机构、抓手工具、数控车床、输送单元、RFID 单元、超声波清洗机、PLC 控制单元、人机 HMI 单元、单元监控系统、台架及其他配件，如图 1-1 所示。

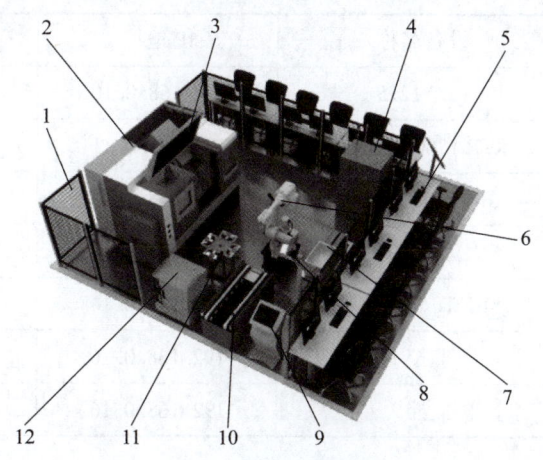

图 1-1 智能车削加工单元

1—安全围栏；2—数控车床；3—显示单元；4—电控柜；5—学习工位；6—工业机器人；7—超声波清洗机；8—单元监控系统；9—单元操作台；10—AGV 对接机构；11—机器人工具库；12—机器人控制柜

2）智能车削加工单元的功能

智能车削加工单元具备 AGV 小车的托盘物料自动接驳功能、机器人机床自动上下料功能、数控车床自动加工功能、超声波清洗功能和 RFID 功能等。

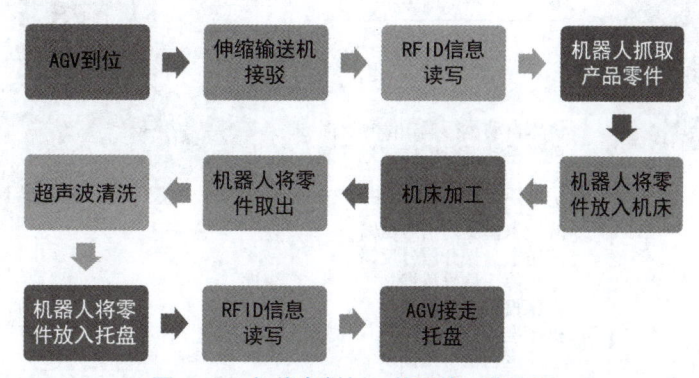

2. 智能车削加工单元的工艺流程

智能车削加工单元的工艺流程如下（见图 1-2）：

（1）AGV 将坯件托盘送至车削工作站，AGV 对接机构将托盘接上输送机，输送机上的 RFID 读写器读取托盘信息；

（2）机器人从托盘上将工件抓取放入机床内进行加工；

（3）加工完成后，机器人将工件取出放入超声波清洗机内进行清洗烘干；

（4）机器人将烘干后的零件放入托盘定位工装内，AGV 对接机构将托盘送至 AGV，AGV 带着托盘行走至下个工位。

图 1-2 智能车削加工单元的工艺流程

3. 智能车削加工单元的通信关系

智能车削加工单元中涉及多种通信协议的使用，以保证各个模块之间数据通信的传输，具体见表1-2。

表1-2 智能车削加工单元设备通信参数

序号	区域	设备名称	IP 地址	通信方式
1	智能车削加工单元	PLC 1215	192.168.0.10	S7（与主站）
2		KTP 1200 触摸屏	192.168.0.11	PROFINET
3		ABB 2600 机器人	192.168.0.12	PROFINET
4		华太远程 IO 模块	192.168.0.13	PROFINET
5		RFID（4001）	192.168.0.14	Modbus TCP
6		监控 1	192.168.0.16	TCP/IP
7		监控 2	192.168.0.16	TCP/IP

1) S7-1200 PLC 的通信

智能制造矩阵式生产线中 S7-1200 PLC 通过 S7 通信、Profinet、IO 通信等方式，与其他设备建立通信连接，实现数据的采集与传输。

（1）S7-1200 PLC 与 828D 的通信关系。

PLC 与数控车床通过西门子 S7 协议进行通信，实现数控机床自动控制的功能。图1-3所示为智能制造矩阵式生产线中 S7-1200 PLC 与 828D 通信方式以及信号之间的关系。

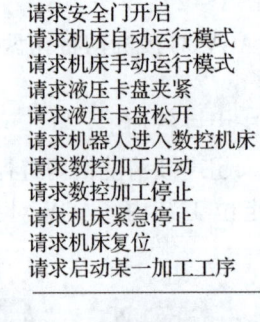

请求安全门关闭
请求安全门开启
请求机床自动运行模式
请求机床手动运行模式
请求液压卡盘夹紧
请求液压卡盘松开
请求机器人进入数控机床
请求数控加工启动
请求数控加工停止
请求机床紧急停止
请求机床复位
请求启动某一加工工序

S7通信

机床自动运行模式信号反馈
机床手动运行模式信号反馈
安全门开信号反馈
安全门关信号反馈
液压卡盘夹紧信号反馈
液压卡盘松开信号反馈
主轴停止信号反馈
机床报警信号反馈
机床准备信号反馈
机床运行信号反馈
X轴安全位置信号反馈
Z轴安全位置信号反馈
某一加工工序完成信号反馈

图1-3 S7-1200 与 828D 通信

（2）S7-1200 PLC 与机器人的通信关系。

智能制造矩阵式生产线中 S7-1200 PLC 与 ABB 机器人通过 Profinet 协议进行通信，涉及的信号关系如图 1-4 所示。

请求活塞模式
请求奖杯模式
请求某一末端工具检测信号
请求允许取料
请求三爪卡盘夹紧完成
请求加工一面完成，机器人允许往车床取料
请求三爪卡盘松开完成
请求允许放成品

清洗动作信号反馈
干燥动作信号反馈
毛坯取料完成信号反馈
往车床放料到位，可以夹紧的信号反馈
机器人放料完成，回到安全点信号反馈
往车床取料到位，可以松开信号反馈

图 1-4　S7-1200 和 IRC5 的 Profinet 通信

PLC 工程文件在线备份与恢复

（3）S7-1200 PLC 与其他外部设备通信。

S7-1200 PLC 在生产线中通过 I/O 通信的方式控制气缸、蜂鸣器等设备，采集气缸等设备的到位信号。

2）机器人通信

机器人处的标准 I/O 板通过 DeviceNet 通信与机器人控制器连接，快换装置等外部工具的端子与机器人控制器处 XS12、XS14 接口上的端子连接，在机器人系统中完成相关配置后，机器人控制器可以控制外部工具，如图 1-5 所示。

快换工具夹紧与松开
夹爪夹紧与松开

DeviceNet 通信

夹爪松开到位
夹爪夹紧到位

图 1-5　机器人与机器人外部工具的通信

四、工作页

学院		专业	
姓名		学号	

任务中涉及的工业机器人程序、触摸屏程序及 S7-1200 PLC 程序已经完成编写及调试。

1. 识读车削加工图纸并制定数控加工工艺表单

1）制定奖杯座数控加工工序卡片

识读车削加工图纸（见图1-6），根据规划好的工步内容选用刀具，填写奖杯座数控车削加工工序卡片1，如表1-3所示，车床依照工序依次加工奖杯座的底部端面、$\phi 80_{-0.12}^{-0.08}$ mm 外圆、$C2$、$\phi 9$ mm 通孔、$\phi 56_{+0.08}^{+0.15}$ mm 内孔、$C5$ 倒角，如图1-7所示。

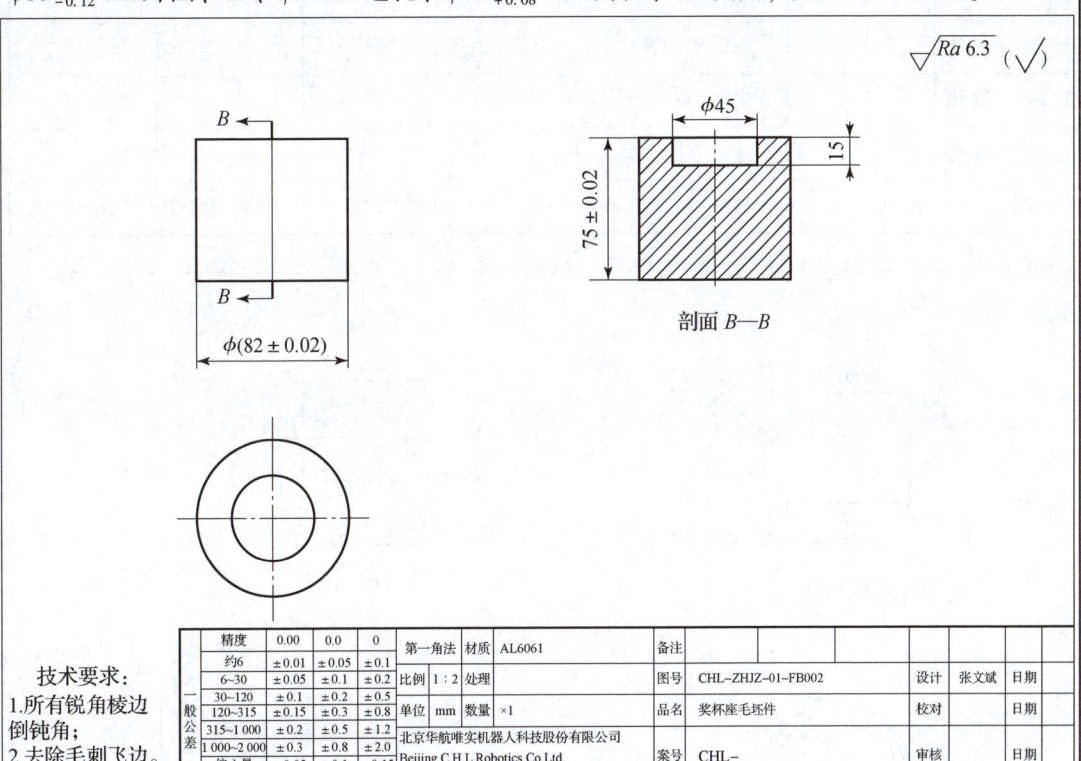

图 1-6 奖杯座及奖杯底座毛坯零件图

识读车削加工图纸，根据规划好的工步内容选用刀具，填写奖杯座数控车削加工加工工序卡片2（见表1-4），编制对应加工程序，车床依照工序依次加工奖杯座顶端的端面，以保证总长56 mm，然后依次加工 $\phi 74_{-0.12}^{-0.08}$ mm 外圆、$C2$ 倒角、$\phi 56_{+0.08}^{+0.15}$ mm 外圆以及 $\phi 74_{-0.12}^{-0.08}$ mm 外圆与 $\phi 80_{-0.12}^{-0.08}$ mm 外圆相接的圆锥面，如图1-7所示。

表1-3 奖杯座数控车削加工工序卡片1

数控加工工序卡片	工序号	1-1	工序内容		车削加工——奖杯座（底部）		
单位：××××	零件名称		零件图号	材料	夹具名称	使用设备	
	轴类零件		CHL-ZHJZ-01-FB005	AL6061	液压卡盘	数控车床	
工步号	工步内容	刀具号	刀具规格	主轴转速/(r·min^{-1})	进给速度/(mm·r^{-1})	背吃刀量/mm	备注
1	车端面及外圆						
2	扩孔						
3	通孔						
4	镗孔						
编制		审核		批准		第 页 共 页	

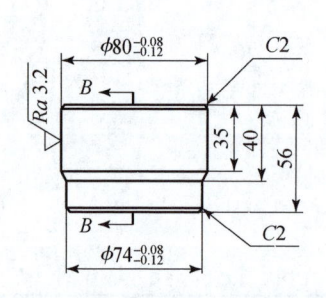

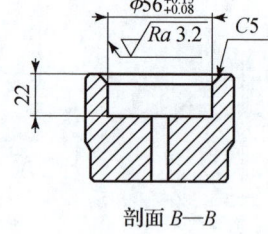

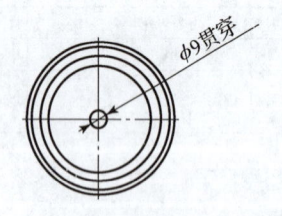

技术要求：
1. 所有锐角棱边倒钝角；
2. 去除毛刺飞边。

图1-7 奖杯座零件图

表1-4 奖杯座数控车削加工工序卡片2（扫码获取全部内容）

数控加工工序卡片	工序号	1-2	工序内容	数控车削——奖杯座（底部）		
单位：××××	零件名称	零件图号	材料	夹具名称	使用设备	
	轴类零件	CHL-ZHJZ-01-FB005	AL6061	液压卡盘	数控车床	
工步号	工步内容	刀具号	刀具规格	主轴转速/(r·min^{-1})	进给速度/(mm·r^{-1})	背吃刀量/mm	备注
1	车端面及外圆						
编制		审核		批准		第 页	共 页

2) 制定活塞粗坯数控加工工序卡片

识读车削加工图纸，根据规划好的工步内容选用刀具，填写活塞数控车削加工工序卡片3，如表1-5所示，车床依照工序依次加工活塞粗坯的底部端面、φ80 mm外圆、2个$2.6^{+0.05}_{+0.02}$ mm沟槽、1个$4.1^{+0.05}_{+0.02}$ mm沟槽、$φ56^{-0.12}_{-0.08}$ mm圆柱孔、C4 mm倒角，如图1-8所示。

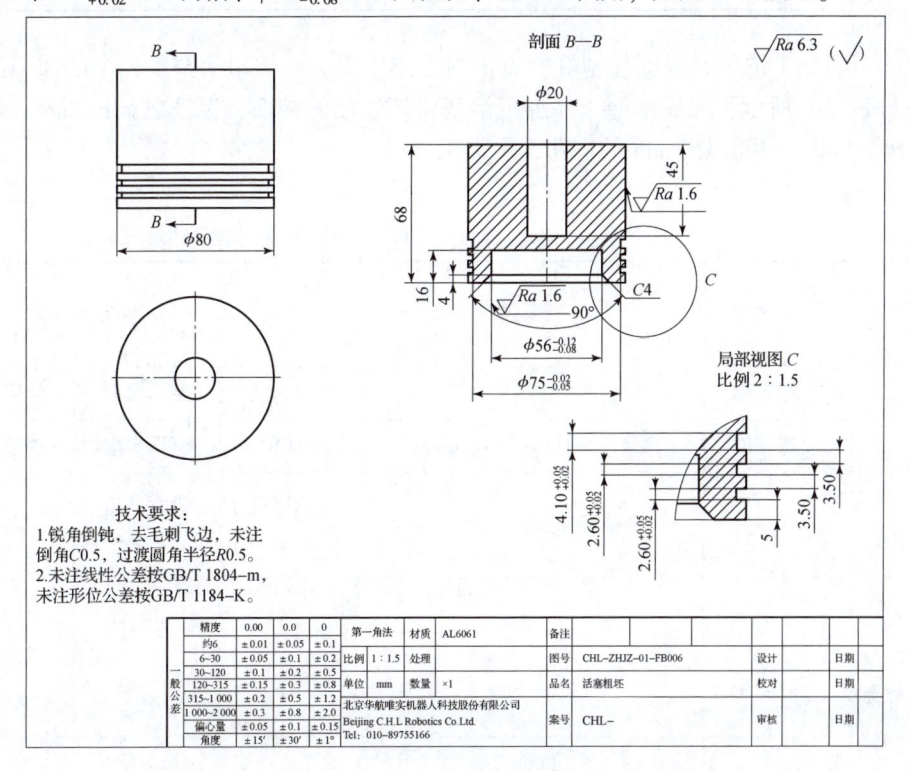

图1-8 活塞粗坯零件图

表1-5 活塞数控车削加工工序卡片3（扫码获取全部内容）

数控加工工序卡片	工序号	2-1	工序内容	数控车削——活塞粗坯（底部）			
单位：××××	零件名称		零件图号	材料	夹具名称	使用设备	
	轴类零件		CHL-ZHJZ-01-FB006	AL6061	液压卡盘	数控车床	
工步号	工步内容	刀具号	刀具规格	主轴转速/(r·min^{-1})	进给速度/(mm·r^{-1})	背吃刀量/mm	备注
1	车端面及外圆						
2	车外沟槽						
3	扩孔						
4	镗孔						
编制		审核		批准		第 页	共 页

识读车削加工图纸，根据规划好的工步内容选用刀具，填写活塞数控车削加工工序卡片4，如表1-6所示，车床依照工序加工活塞粗坯顶端的端面，保证总长68 mm，依次加工 ϕ80 mm外圆，中间 ϕ20 mm的盲孔无须加工。

表1-6 活塞数控车削加工工序卡片4（扫码获取全部内容）

数控加工工序卡片	工序号	2-2	工序内容	数控车削——活塞粗坯（底部）			
单位：××××	零件名称		零件图号	材料	夹具名称	使用设备	
	轴类零件		CHL-ZHJZ-01-FB006	AL6061	液压卡盘	数控车床	
工步号	工步内容	刀具号	刀具规格	主轴转速/(r·min^{-1})	进给速度/(mm·r^{-1})	背吃刀量/mm	备注
1	车端面及外圆						
编制		审核		批准		第 页	共 页

2. 安装刀具,建立刀具清单以及零点偏置

1)安装车削刀具

根据数控加工工序卡片 1、2、3、4,完成刀具的安装,如图 1-9 所示。

图 1-9 刀架上的刀具位置

2)建立刀具清单

依次利用刀架上的刀具对工件进行对刀测量,并设置好相应的参数,如图 1-10 所示。

图 1-10 刀具清单

3)设置零点偏置

综合对比奖杯座零件与其毛坯长度,需要切除 19 mm 的余量。实施零件的第一次装夹时,对所有刀具进行对刀操作。

(1)进行第一次装夹,设置 G54 的零点偏置,偏移值为 0 mm。

(2)进行零件的第二次装夹,设置 G56 的零点偏置,偏移值为 19 mm。

(3)当活塞粗坯所用的毛坯和奖杯座零件一致时,第一次装夹时所有的对刀参数和零点偏置保持不变。加工活塞粗坯时,因其总长(68 mm)和奖杯座总长(56 mm)不同,所以第二次装夹的零点偏置需要另外设置,如设置 G55 的零点偏置,偏移值是 7 mm。最后的实际偏移值,因毛坯实际长度问题,需要通过试件加工来确认和调整,如图 1-11 所示。

700002	气动门打开，主轴限速				
零点偏移 - G54 ...G549[mm]			X	Z	C1
G54			0.000	-0.550	0.000
	精确		0.000	0.000	0.000
G55			0.000	-7.210	0.000
	精确		0.000	0.000	0.000
G56			0.000	-19.200	0.000
	精确		0.000	0.000	0.000
G57			0.000	0.000	0.000
	精确		0.000	0.000	0.000

图 1-11　实际的零点偏置设定

3. 建立数控加工程序架构并编制加工程序

1）奖杯座程序架构及编制加工程序

在数控车床上进行初次加工和调试时，需要人工进行装夹的调整，所以不要将两次零件装夹的程序放在同一个文件中，调试完毕之后再将两次零件装夹的程序进行合并。

利用机器人完成奖杯座的上、下料时，奖杯座程序（HS02）应包含第一次装夹和第二次装夹的数控程序，如表 1-7 所示。一次装夹涉及的所有工序的数控程序执行完毕后，必须让刀架回安全位置，留出足够的空间让机器人抓取零件，然后向 S7-1200 PLC 发送加工执行完成的信号。

表 1-7　奖杯座程序架构

奖杯座的程序 （HS02）	第一次装夹	车端面
		车外圆
		扩孔
		通孔
		刀架回安全位置，让机器人抓取
		机床发送加工完成信号给 S7-1200 PLC
	第二次装夹	车端面
		车外圆
		刀架回安全位置，让机器人抓取
		机床发送加工完成信号给 S7-1200 PLC

按照上述程序框架，完成奖杯座数控加工程序的编写，此处不做赘述。

2）活塞粗坯程序架构及编制加工程序

在数控车床上进行初次加工和调试时，因为装夹的调整需要人工操作，所以不要将两次零件装夹的程序放在同一个文件中，调试完毕之后，将第一次装夹和第二次装夹的程序进行合并。

利用机器人完成活塞粗坯的上下料时,数控加工程序文件(HS01)应包含第一次装夹和第二次装夹的数控程序,如表1-8所示。一次装夹涉及的所有工序的数控程序执行完毕后,必须让刀架回安全位置,留出足够的空间让机器人抓取零件,然后向S7-1200 PLC发送加工执行完成的信号。

表1-8 活塞粗坯程序架构

活塞粗坯的程序(HS01)	第一次装夹	车端面
		车外圆
		扩孔
		通孔
		刀架回安全位置
		机床发送加工完成信号给S7-1200 PLC
	第二次装夹	车端面
		车外圆
		刀架回安全位置
		机床发送加工完成信号给S7-1200 PLC

按照上述程序框架,完成活塞粗坯具体数控加工程序的编写。

4. 数控加工程序外部 PLC 调用的设置

在828D数控系统中完成数控加工程序HS01、HS02的编制,然后完成外部PLC调用的设置。HS01程序存放在列表101位置,HS02存放在列表102位置。

5. 单机模式自动试运行

在工业机器人程序、触摸屏程序和PLC程序已经完成编写调试的基础上,完成前序工作内容后,即可进行智能车削加工单元的联合调试。

奖杯零件与活塞粗坯自动运行调试流程类似,具体如下:

(1)将数控车床设置成准备状态:门开,消急停,复位消报警,手动模式消回零,开启使能,液压起,确认卡盘开,倍率100%,排屑器开,确认刀架安全位置。

(2)工业机器人设置为自动运行状态,速度设置为20%。

(3)将毛坯放置于托盘上,注意毛坯有孔的一侧向上,如图1-12所示。

工业机器人手动自动运行模式的切换

图1-12 托盘上放置毛坯

（4）在触摸屏的"手动页"中，启动干燥机和超声波清洗机，如图 1-13 所示，自动运行过程中，设备会自动启动清洗和干燥功能；在"交互页"中，选择"奖杯零件车削"或"活塞零件车削"，然后再单击"模拟小车送料到位"，如图 1-14 所示。

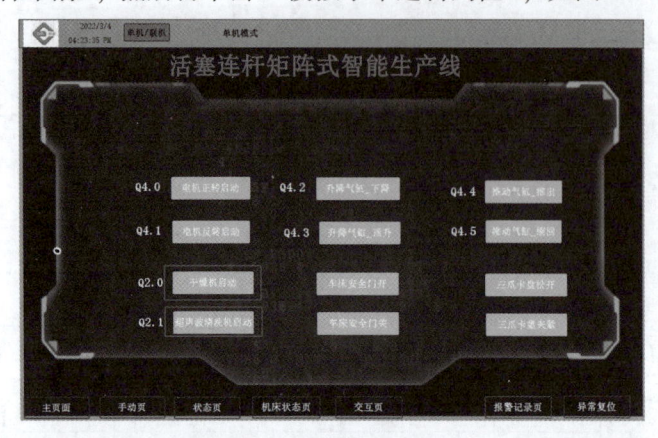

图 1-13　HMI 手动页（一）

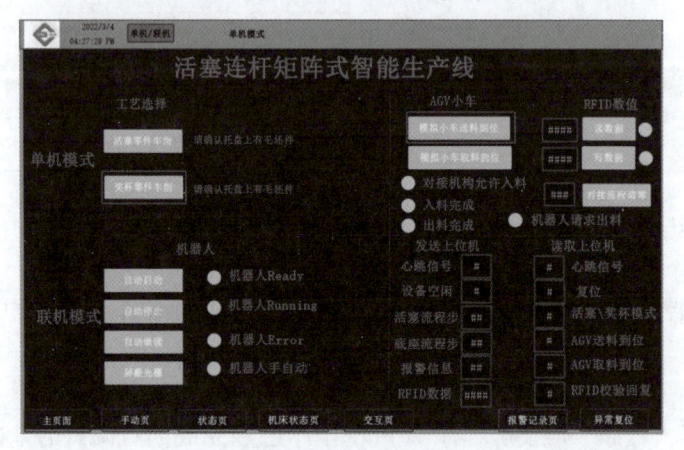

图 1-14　HMI 交互页（一）

（5）机器人将加工完成的奖杯零件或活塞零件放入托盘之后，托盘自动移出到小车接驳位置，如图 1-15 所示。

图 1-15　托盘移出

五、评价反馈

评价项目	分值	序号	评分标准	评分分值	自评	师评
职业素养	20分	①	遵守操作规程，养成严谨科学的工作态度	缺乏规范，扣5分		
		②	尊重他人劳动，不窃取他人成果，即独立完成工作任务	缺乏素养，扣5分		
		③	严格执行5S现场管理	不达标，扣5分		
		④	积极出勤，工作态度良好	不达标，扣5分		
知识准备	30分	①	了解智能车削加工单元的组成及功能	不了解，每错一处，扣1分，共5分		
		②	了解智能车削加工单元的工艺流程	不了解，每错一处，扣1分，共5分		
		③	了解智能车削加工单元相关智能设备的信号关系	不了解，每错一处，扣2分，共10分		
		④	了解智能车削加工单元的关键技术	不了解，每错一处，扣2分，共10分		
任务实施	50分	①	能正确识读车削零件图	叙述有误，每错一处扣2分，共10分		
		②	能完成数控加工工艺表单的填写	每张表格，每错一处扣2分，共10分		
		③	能完成数控加工程序编程与外部PLC的调用	能完成数控加工程序编程与外部PLC的调用，得10分		
		④	能完成智能车削加工单元单机模式自动试运行	只要完成奖杯或活塞粗坯其中一个，得20分。全都未完成，扣20分		

工作任务二

活塞的智能铣削加工

一、任务目标

根据零件铣削加工图纸制定四轴铣床的铣削加工工艺，在智能四轴铣削加工单元的数控铣床、触摸屏中进行编程及调试等操作，最终实现活塞的自动化铣削加工。

【知识目标】
(1) 了解智能四轴铣削加工单元的组成及功能；
(2) 了解智能四轴铣削加工单元的工艺流程；
(3) 了解智能四轴铣削加工单元的通信关系。

【能力目标】
(1) 能够识读铣削加工图纸，获取零部件加工参数；
(2) 能够制定零部件加工的工艺表单；
(3) 能够完成智能四轴铣削加工单元中刀具的管理；
(4) 能够根据加工需求完成零部件铣削加工程序的编写及调试；
(5) 能够联合调试智能四轴铣削加工单元实现活塞的自动化铣削加工。

【素养目标】
(1) 良好的工作态度和工作作风；
(2) 学习与工作中的沟通协调能力和再学习能力；
(3) 团队合作精神。

二、前期准备

1. 技能基础

(1) 具备西门子四轴加工中心的基本操作能力，如四轴加工中心的开机、接通、回零、面板操作、对刀、建立坐标系等。
(2) 具备利用西门子四轴加工中心对型腔类零件进行铣削的编程与操作技能。
(3) 具备工业机器人的基本操作能力，如开机、接通、手动、自动切换、操作与编程等。
(4) 具备智能四轴铣削加工单元电气设备的基本操作能力，如单元上电、上气、开关机、触摸屏操作等。
(5) 具备智能四轴铣削加工单元相关设备的风险识别及安全操作意识。

2. 仪器设备

仪器设备涉及智能四轴铣削加工单元、游标卡尺、铣削刀具、末端执行器，见表2-1。

表2-1 仪器设备

序号	仪器仪表	图示
1	智能四轴铣削加工单元	
2	游标卡尺	
3	刀具	
4	末端执行器	

三、信息页

1. 智能四轴铣削加工单元的组成及功能

1) 智能四轴铣削加工单元的组成

智能加工单元包括以下子模块：六轴工业机器人、AGV对接机构、抓手工具、四轴加工中心、输送单元、RFID单元、超声波清洗机、PLC控制单元、人机HMI单元、单元监控系统、台架及其他配件，如图2-1所示。

2) 智能四轴铣削加工单元的功能

智能车削加工单元具备AGV小车的托盘物料自动接驳功能、机器人机床自动上下料功能、数控车床自动加工功能、超声波清洗功能和RFID功能等。

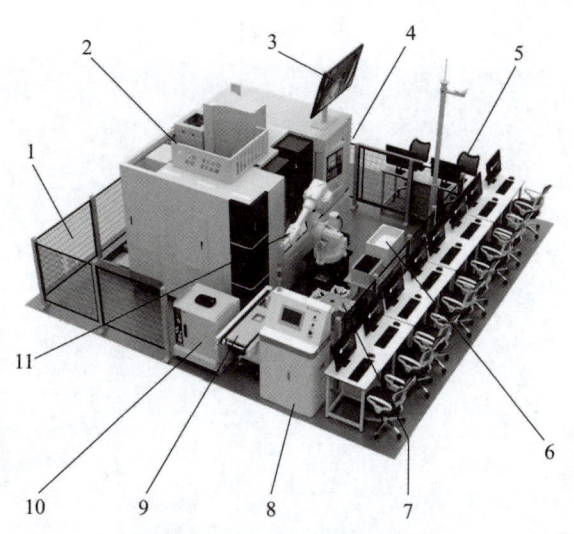

图 2-1 智能车削加工单元

1—安全围栏；2—四轴加工中心；3—显示单元；4—安全门；5—学习工位；6—超声波清洗机；
7—机器人工具库；8—单元操作台；9—AGV 对接机构；10—机器人控制柜；11—工业机器人

2. 智能四轴铣削单元的工艺流程

智能四轴铣削单元的工艺流程如下：

（1）AGV 将坯件托盘送至铣削加工中心工作站处，AGV 对接机构将托盘接上输送机，输送机上的 RFID 读写器读取托盘信息；

（2）机器人从托盘上将工件抓取并放入机床内进行加工；

（3）加工完成后，机器人将工件取出放入超声波清洗机内进行清洗烘干；

（4）机器人将烘干后的零件放入托盘定位工装内，AGV 对接机构将托盘送至 AGV 上，AGV 带着托盘行走至下个工位。

3. 智能四轴铣削加工单元的通信关系

智能四轴铣削加工单元中涉及多种通信协议的使用，以保证各个模块之间数据通信的传输，具体见表 2-2，其通信结构与工作任务中的智能车削加工单元类似。

表 2-2 智能四轴铣削加工单元设备通信参数

序号	区域	设备名称	IP 地址	通信方式
1	智能四轴铣削加工单元	PLC 1215	192.168.0.20	S7（与主站）
2		触摸屏 KTP1200	192.168.0.21	PROFINET
3		ABB_2600	192.168.0.22	PROFINET
4		机加 2_华太	192.168.0.23	PROFINET
5		机加 2_RFID	192.168.0.24	PROFINET
6		加工中心 2	192.168.0.25	S7
7		监控 1	192.168.0.26	TCP/IP
8		监控 2	192.168.0.27	TCP/IP

四、工作页

学院		专业	
姓名		学号	

任务中涉及的工业机器人程序、触摸屏程序及 S7 - 1200 PLC 程序已经完成编写及调试。

1. 识读铣削加工图纸并制定数控加工工艺表单

识读活塞零件的粗坯零件图纸（见图 2 - 2），根据规划好的工步内容选用刀具并填写表 2 - 3 所示活塞数控铣削加工工序卡片 1。切除活塞两侧及内部型腔的余量，以保证活塞的 $50_{\ 0}^{+0.03}$ mm、$23_{\ 0}^{+0.1}$ mm 的尺寸，将工装随着 A 轴逆时针或顺时针转动 90°来加工 2 - $R5$ mm 及相接的曲面、2 - $\phi 22_{+0.05}^{+0.15}$ mm 通孔、2 - $\phi 22.8_{+0.01}^{+0.03}$ mm 台阶孔和 2 - $\phi 23.4_{+0.05}^{+0.08}$ mm 台阶孔，如图 2 - 3 所示。

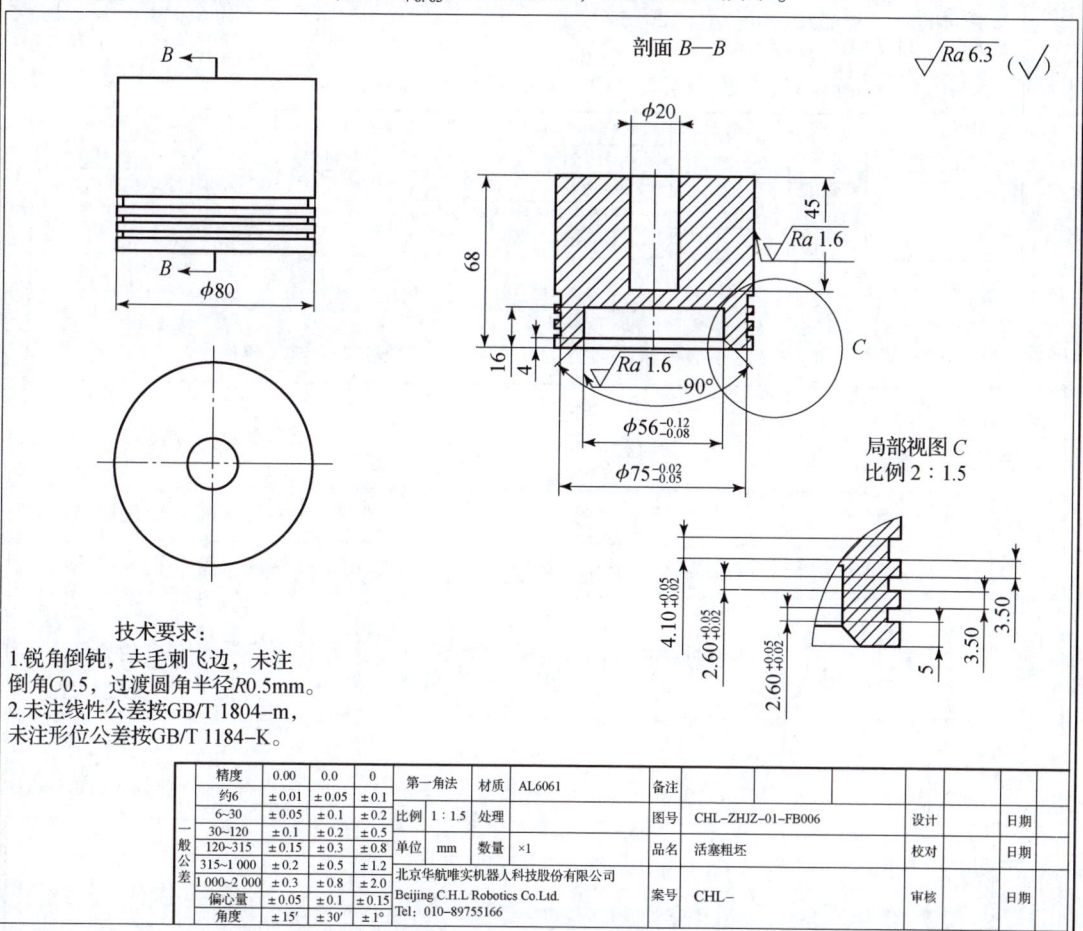

图 2 - 2 活塞粗坯零件图

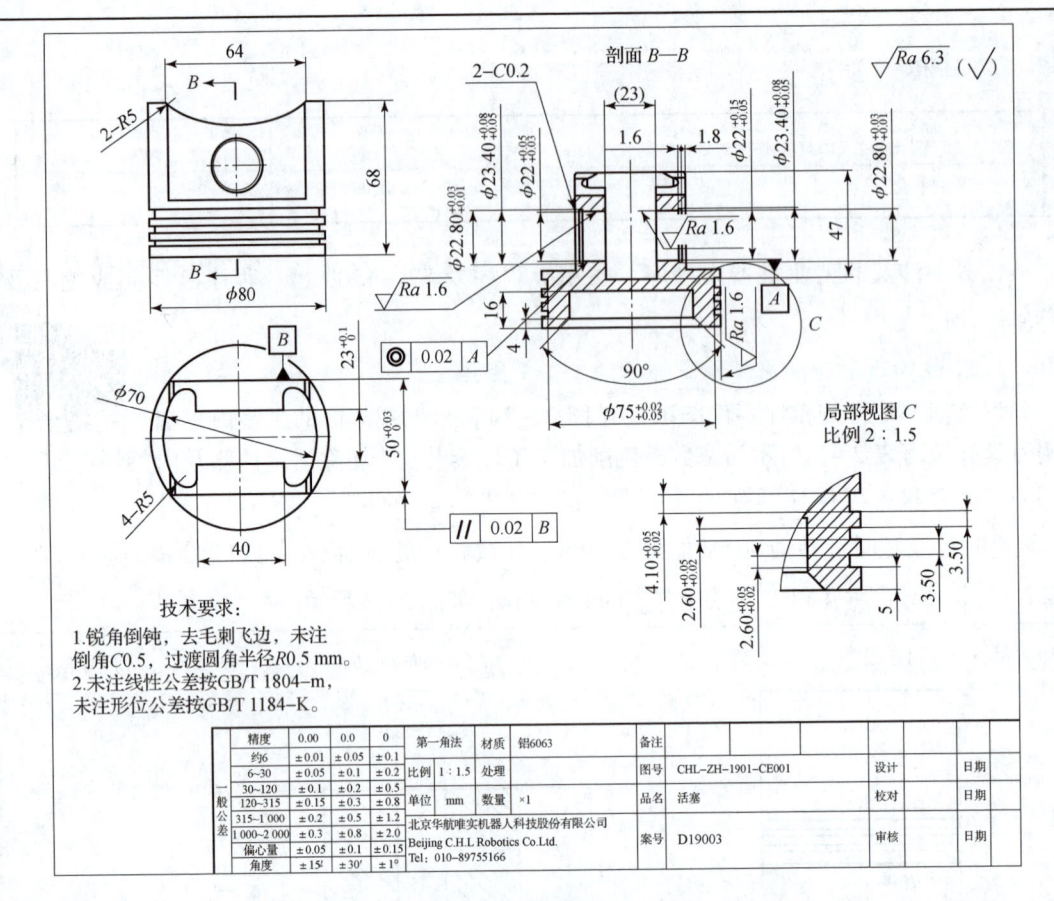

图 2-3 活塞零件图

表 2-3 活塞数控铣削加工工序卡片 1（扫码获取全部内容）

数控加工工序卡片	工序号	1-1	工序内容	数控铣削——活塞	
单位：××××	零件名称	活塞	零件图号 CHL-ZH-1901-CE001	材料 AL6061	夹具名称 液压卡盘	使用设备 四轴

工步号	工步内容	刀具号	刀具规格	主轴转速/(r·min^{-1})	进给速度/(mm·min^{-1})	背吃刀量/mm	备注（后续任务自行建立程序）
1	粗铣						主程序 HSZHUCHENGXU
2	精铣						主程序 HSZHUCHENGXU
3	钻孔						子程序 1234

续表

工步号	工步内容	刀具号	刀具规格	主轴转速/(r·min^{-1})	进给速度/(mm·min^{-1})	背吃刀量/mm	备注（后续任务自行建立程序）
4	粗铣曲面						子程序 1234
5	精铣曲面						子程序 1234
6	扩孔						子程序 1234
7	锪孔						子程序 1234
8	倒角						子程序 1234
9	钻孔						子程序 2234
10	粗铣曲面						子程序 2234
11	精铣曲面						子程序 2234
12	扩孔						子程序 2234
13	锪孔						子程序 2234
14	倒角						子程序 2234
15	吹屑				—	—	主程序 HSZHUCHENGXU
编制		审核		批准		第　页	共　页

2. 安装刀具、建立刀具清单以及零点偏置

1）安装铣削刀具

根据数控加工工序卡片 1，检查刀盘上的刀具安装，如图 2-4 所示。

图 2-4　刀盘上的刀具

2）建立刀具清单

建立刀具清单，确认对刀参数。

3）零点偏置

设置零点偏置，零点偏置就是在编程过程中进行编程坐标系（工件坐标系）的平移变换，使编程坐标系的零点偏置到新的位置。

3. 建立数控加工程序架构并编制加工程序

利用机器人完成活塞的上下料，引入 3D 测量之后，活塞程序（HSZHUCHENGXU）应包含 3D 测量的数控程序，见表 2-4。一次装夹涉及的所有工序的数控程序执行完毕后，必须让刀架回安全位置，留出足够的空间让机器人抓取零件，然后向 S7-1200 PLC 发送加工执行完成的信号。

表 2-4 活塞程序

活塞程序 （HSZHUCHENGXU）	一次装夹	等高粗铣、精铣凸台及内部型腔余量
		钻孔、粗铣曲面、精铣曲面、扩孔、镗孔、倒角
		钻孔、粗铣曲面、精铣曲面、扩孔、镗孔、倒角
		吹屑
		3D 测量孔径
		刀架回安全位置，让机器人抓取零件
		机床发送加工完成信号给 S7-1200 PLC

按照上述程序框架，完成活塞具体数控加工程序的编写。

4. 数控加工程序外部 PLC 调用的设置

在 828D 中完成数控加工程序 HSZHUCHENGXU、子程序 1234、子程序 2234、测量子程序 HUOKONG 和测量子程序 QIANKONG 的编制，然后完成外部 PLC 调用的设置，HS01 程序存放在列表 101（数控系统内编号）位置，HS02 存放在列表 102（数控系统内编号）位置。

5. 单机模式自动试运行

在工业机器人程序、触摸屏程序和 PLC 程序已经完成编写调试的基础上，完成前序工作内容后，即可进行智能四轴铣削加工单元的联合调试。

（1）将四轴加工中心设置成准备状态：门开，消除急停，消除报警，手动模式回零，开启使能，液压起，确认卡盘开，倍率 100%，排屑器打开，确认刀架安全位置。

（2）工业机器人设置为自动运行状态，速度设置为 20%。

（3）将毛坯放置于托盘上指定的位置，等待机器人抓取，如图 2-5 所示。

（4）在触摸屏的机器人页中，启动干燥机和超声波清洗机，如图 2-6 所示，自动进行过程中，设备会自动启动清洗和干燥功能；在返回主页时，选择"活塞加工"，然后再单击"模拟小车送料到位"，如图 2-7 所示。

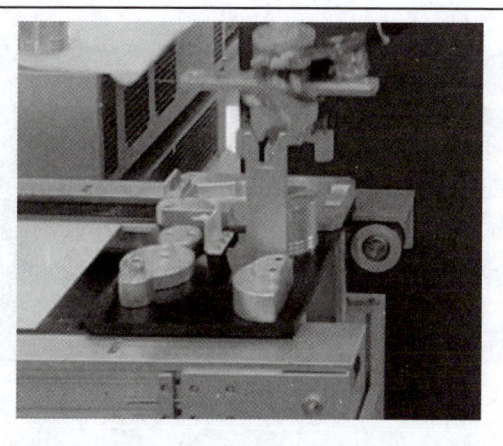

图 2-5 托盘上放置毛坯

图 2-6 HMI 机器人

图 2-7 返回主页

（5）机器人将加工完成的奖杯零件放入托盘之后，托盘会自动移出到小车接驳位置，如图 2-8 所示。

图 2-8　托盘移出

五、评价反馈

评价项目	分值	序号	评分标准	评分分值	自评	师评
职业素养	20分	①	遵守操作规程，养成严谨科学的工作态度	缺乏规范，扣5分		
		②	尊重他人劳动，不窃取他人成果，即独立完成工作任务	缺乏素养，扣5分		
		③	严格执行5S现场管理	不达标，扣5分		
		④	积极出勤，工作态度良好	不达标，扣5分		
知识准备	30分	①	了解智能四轴铣削加工单元的组成及功能	不了解，每错一处，扣1分，共5分		
		②	了解智能四轴铣削加工单元的工艺流程	不了解，每错一处，扣1分，共5分		
		③	了解智能四轴铣削加工单元相关智能设备的信号关系	不了解，每错一处，扣2分，共10分		
		④	了解智能四轴铣削加工单元的关键技术	不了解，每错一处，扣2分，共10分		
任务实施	50分	①	能正确识读铣削零件图	叙述有误，每错一处，扣2分，共10分		
		②	能完成数控加工工艺表单的填写	每张表格，每错一处，扣2分，共10分		
		③	能完成数控加工程序编程与外部PLC的调用	能完成数控加工程序编程与外部PLC的调用，得10分		
		④	能完成智能四轴铣削加工单元单机模式的自动试运行	完成活塞的加工及上下料，得20分。全都未完成，扣20分		
合计						

工作任务三

零件的智能铣削加工

一、任务目标

根据零件铣削加工图纸制定铣削加工工艺，在智能三轴铣削加工单元的三轴数控铣床、触摸屏中执行编程及调试等操作，最终实现连杆和奖杯零件的自动化加工及成品交接。

【知识目标】

(1) 了解智能三轴铣削加工单元的组成及功能；

(2) 了解智能三轴铣削加工单元的工艺流程；

(3) 了解智能三轴铣削加工单元的通信关系。

【能力目标】

(1) 能够识读铣削加工图纸，获取零部件加工参数；

(2) 能够制定零部件加工的工艺表单；

(3) 能够完成智能三轴铣削加工单元中刀具的管理；

(4) 能够根据加工需求完成零部件铣削加工程序的编写及调试；

(5) 能够联合调试智能三轴铣削加工单元实现连杆和奖杯零件的自动化加工及成品交接。

【素养目标】

(1) 精益求精的工匠精神；

(2) 学习与工作中的沟通协调能力和再学习能力；

(3) 全局的系统性思维。

二、前期准备

1. 技能基础

(1) 具备西门子加工中心的基本操作能力，如加工中心的开机、接通、回零、面板操作、对刀、建立坐标系等。

(2) 具备利用西门子加工中心对板类零件铣削的编程与操作技能。

(3) 具备工业机器人的基本操作能力，如开机、接通、手动、自动切换、操作与编程等。

(4) 具备智能三轴铣削加工单元电气设备的基本操作能力，如单元上电、上气、开关机、触摸屏操作等。

(5) 具备智能三轴铣削加工单元相关设备的风险识别、安全操作意识。

2. 仪器设备

仪器设备涉及智能三轴铣削加工单元、游标卡尺、车削刀具和末端执行器，见表 3－1。

表 3－1　仪器设备

序号	仪器仪表	图示
1	智能三轴铣削加工单元	
2	游标卡尺	
3	刀具	
4	末端执行器	

三、信息页

1. 智能三轴铣削加工单元的组成及功能

1）智能三轴铣削加工单元的组成

智能三轴铣削加工单元包括以下子模块：六轴工业机器人、AGV 对接机构、抓手工具、加工中心、输送单元、RFID 单元、超声波清洗机、PLC 控制单元、人机 HMI 单元、单元监控系统、台架及其他配件，如图 3－1 所示。

2）智能三轴铣削加工单元的功能

智能三轴铣削加工单元具备 AGV 小车的托盘物料自动接驳功能、机器人机床自动上下料功能、加工中心自动加工功能、超声波清洗功能、RFID 功能等。

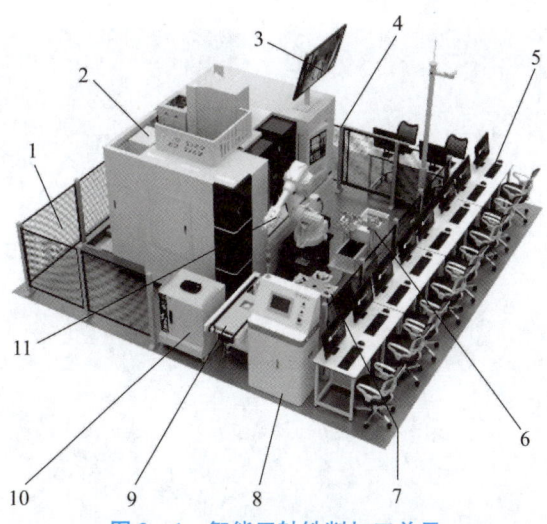

图 3-1 智能三轴铣削加工单元

1—安全围栏；2—三轴加工中心；3—显示单元；4—安全门；5—学习工位；6—超声波清洗机；
7—机器人工具库；8—单元操作台；9—AGV 对接机构；10—机器人控制柜；11—工业机器人

2. 智能三轴铣削加工单元的工艺流程

智能三轴铣削加工单元的工艺流程如下：

（1）AGV 将坯件托盘送至铣削加工中心工作站处，AGV 对接机构将托盘接上输送机，输送机上的 RFID 读写器读取托盘信息；

（2）机器人从托盘上将工件抓取放入机床内进行加工；

（3）加工完成后，机器人将工件取出放入超声波清洗机内进行清洗烘干；

（4）机器人将烘干后的零件放入托盘定位工装内，AGV 对接机构将托盘送至 AGV 上，AGV 带着托盘行走至下个工位。

3. 智能三轴铣削加工单元的通信关系

智能三轴铣削加工单元中涉及多种通信协议的使用，以保证各个模块之间数据通信的传输，具体见表 3-2。

表 3-2 智能三轴铣削加工单元设备通信参数

序号	区域	设备名称	IP 地址	通信方式
1	智能三轴铣削加工单元	PLC 1215	192.168.0.30	S7（与主站）
2		触摸屏 KTP1200	192.168.0.31	PROFINET
3		ABB_2600	192.168.0.32	PROFINET
4		机加3_华太	192.168.0.33	PROFINET
5		机加3_RFID	192.168.0.34	PROFINET
6		加工中心3	192.168.0.35	S7
7		监控1	192.168.0.36	TCP/IP
8		监控2	192.168.0.37	TCP/IP

四、工作页

学院		专业	
姓名		学号	

任务中涉及的工业机器人程序、触摸屏程序及 S7-1200 PLC 程序已经完成编写及调试。

1. 识读铣削加工图纸并制定数控加工工艺表单

任务涉及连杆以及奖杯零件的加工,须分别进行图纸的识读以及加工工艺表单的制定。

1) 识读连杆零件加工图纸、制定数控加工工序卡片

(1) 首先识读图 3-2 所示连杆粗坯零件图,用游标卡尺测量其相关的尺寸,确定毛坯符合加工要求。

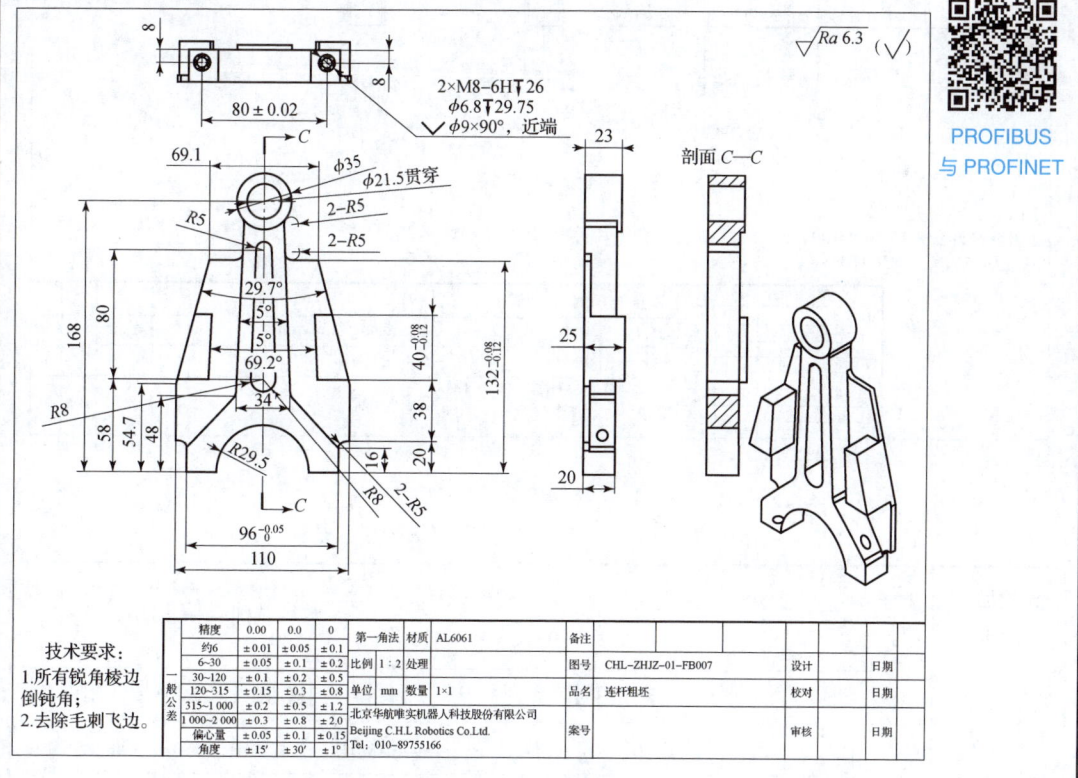

图 3-2 连杆粗坯零件图

(2) 识读图 3-3 所示连杆零件图,根据规划好的工步内容确定加工工艺,选用量具和刀具。

根据图纸要求,连杆的加工需执行两次加工及装夹。

第一次装夹,首先对连杆两端连接处的 $\phi35$ mm 圆柱孔面、$R29.5$ mm 圆柱孔面进行加工,并对 $\phi35$ mm 圆柱孔面的孔口进行倒角。根据工艺要求选择刀具及对应工艺参数,填写第一次加工对应的连杆数控铣削加工工序卡片1,见表 3-3。

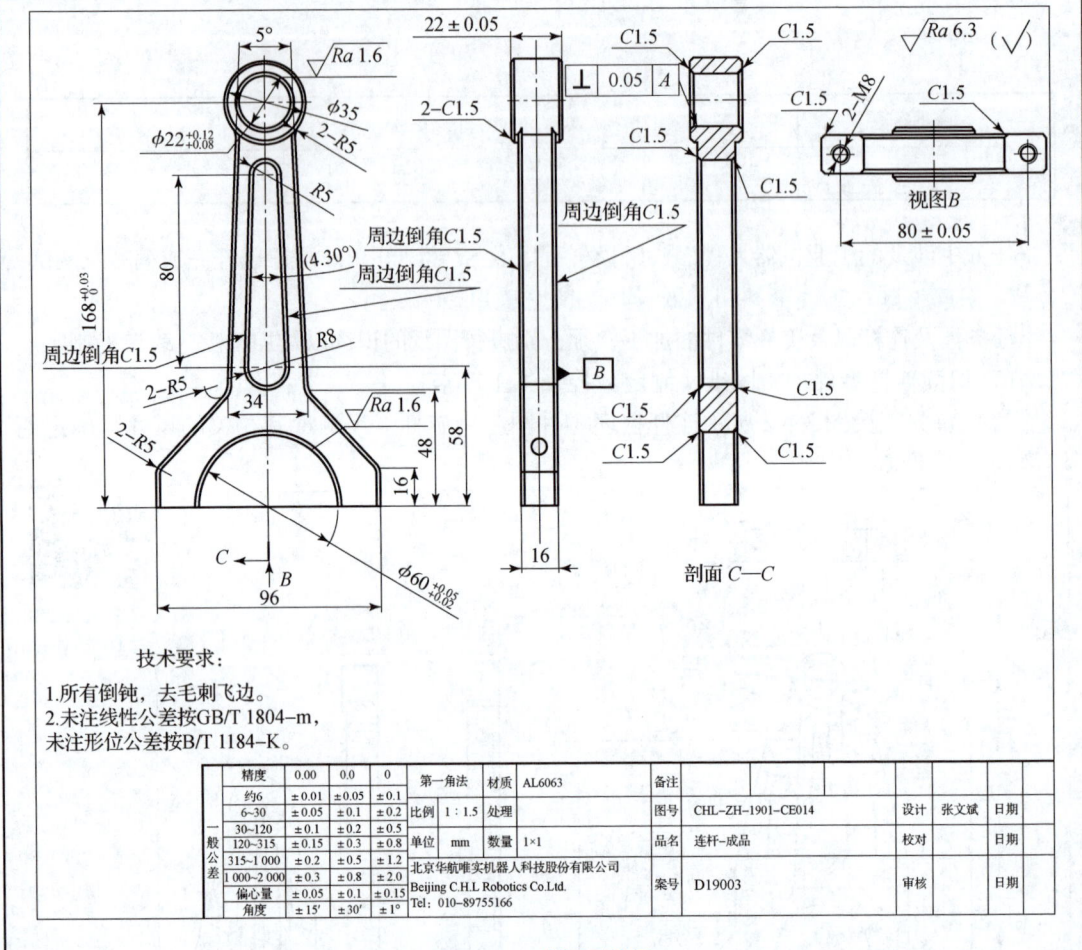

图 3-3 连杆零件图

表 3-3 连杆数控铣削加工工序卡片 1（扫码获取全部内容）

数控加工工序卡片	工序号	1-1	工序内容		数控铣削——连杆		
单位：××××	零件名称		零件图号	材料	夹具名称	使用设备	
	连杆粗坯		CHL-ZHJZ-01-FB008	AL6061	专用夹具	加工中心	
工步号	工步内容	刀具号	刀具规格	主轴转速/(r·min^{-1})	进给速度/(mm·min^{-1})	背吃刀量/mm	备注
1	铣削圆弧轮廓						
2	倒角						
编制		审核		批准		第 页	共 页

第二次加工及装夹时,首先加工连杆两侧的余量,然后铣削连杆的轮廓,精铣 $\phi60^{+0.05}_{+0.02}$ mm 圆柱孔面,最后进行倒角。根据工艺要求选择刀具及对应工艺参数,填写第二次加工对应的连杆数控铣削加工工序卡片2,见表3-4。

表3-4 连杆数控铣削加工工序卡片2(扫码获取全部内容)

数控加工工序卡片	工序号	1-2	工序内容	数控铣削——连杆		
单位:××××	零件名称	零件图号		材料	夹具名称	使用设备
	连杆	CHL-ZH-1901-CE014		AL6061	液压压板	加工中心
工步号	工步内容	刀具号	刀具规格	主轴转速/(r·min^{-1})	进给速度/(mm·min^{-1})	背吃刀量/mm	备注
1	加工连杆两侧的余量						
2	等高铣削连杆的外轮廓						
3	精铣圆弧						
4	整体轮廓倒角						
编制		审核		批准		第 页	共 页

2)识读奖杯零件加工图纸、制定数控加工工序卡片

(1)识读奖杯毛坯件零件图,如图3-4所示,用游标卡尺测量其相关的尺寸,确定毛坯符合加工要求。

(2)识读图3-5所示奖杯一序零件图,对照奖杯毛坯图与加工一序图,确定奖杯第一次铣削的加工内容。首先铣削奖杯的上表面,然后等高铣削切除奖杯周边余量,再精铣两侧,最后对奖杯轮廓倒角。根据已经完成规划的工序内容,选择刀具以及对应工艺参数,填写表3-5所示的奖杯数控铣削加工工序卡片3。

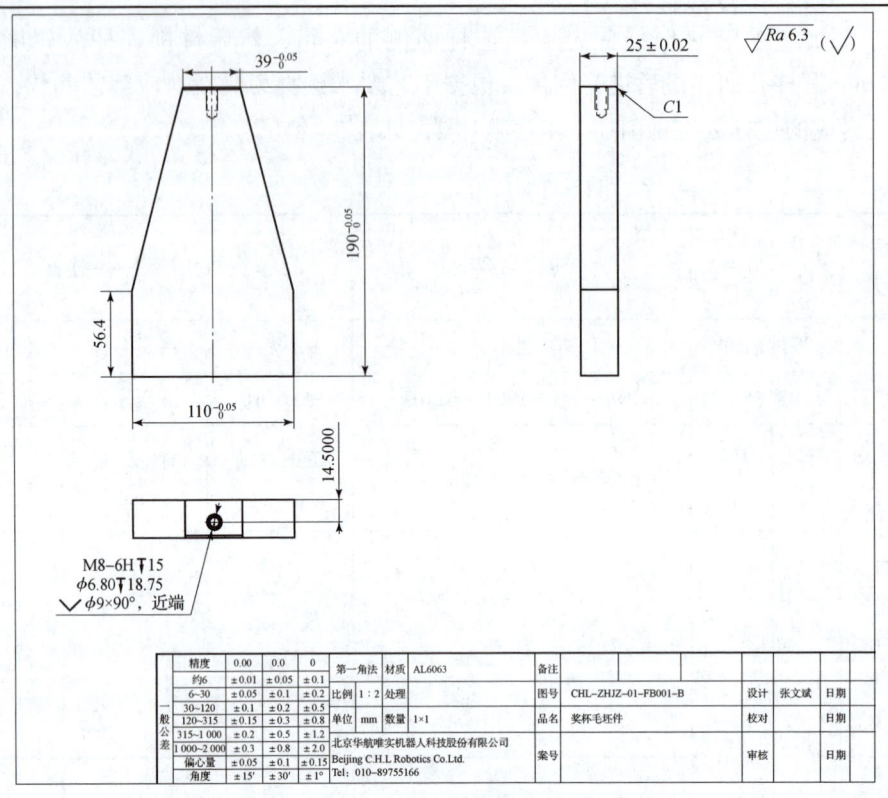

图 3-4　奖杯毛坯件零件图

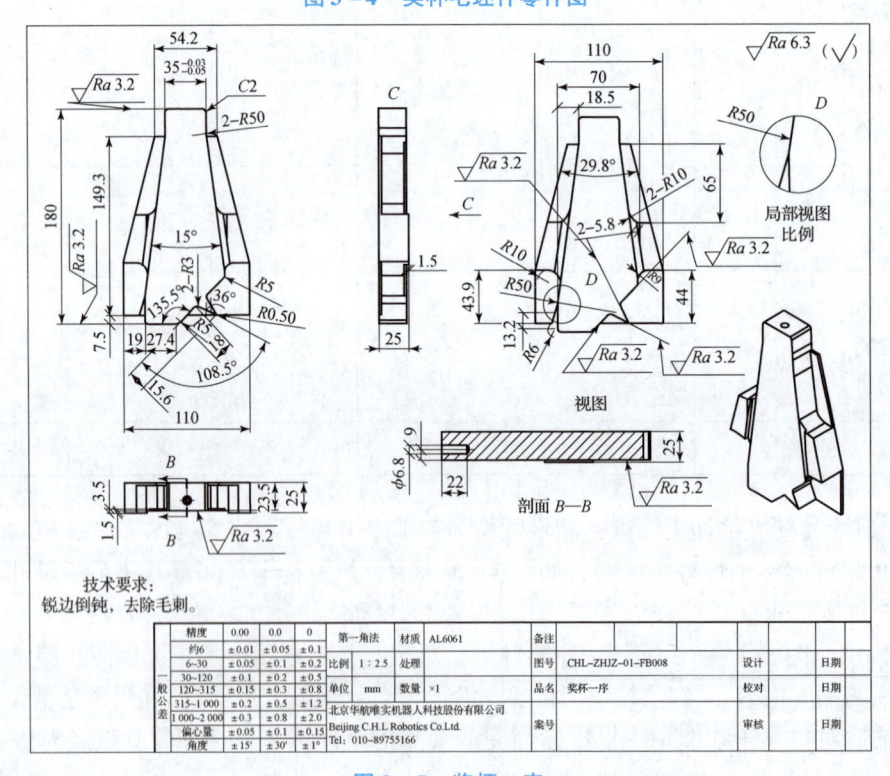

图 3-5　奖杯一序

表 3–5　奖杯数控铣削加工工序卡片 3（扫码获取全部内容）

数控加工工序卡片	工序号	2–1	工序内容	数控铣削——奖杯		
单位：××××	零件名称	零件图号		材料	夹具名称	使用设备
	奖杯	CHL – ZHJZ – 01 – FB008		AL6061	液压压板	加工中心
工步号	工步内容	刀具号	刀具规格	主轴转速/(r·min^{-1})	进给速度/(mm·min^{-1})	背吃刀量/mm	备注
1	铣削上表面						
2	等高铣奖杯余量						
3	精铣奖杯两侧余量						
4	奖杯轮廓倒角						
编制	审核		批准		第　页	共　页

（3）识读图 3–6 所示奖杯零件图，对照奖杯一序图确认第二次加工的加工内容，首先等高铣削奖杯边缘及型腔余量，然后对奖杯轮廓进行倒角。根据加工内容，选择加工所用刀具及相关参数，编制奖杯数控铣削加工工序卡片 4，见表 3–6。

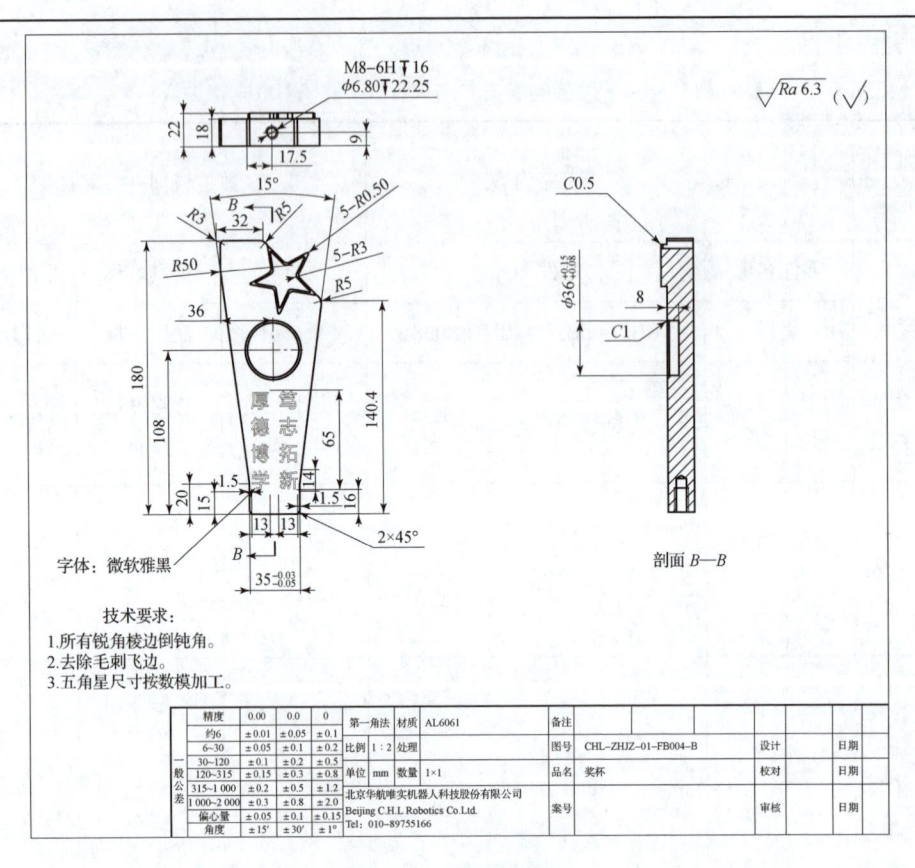

图 3-6 奖杯零件图

表 3-6 奖杯数控铣削加工工序卡片 4（扫码获取全部内容）

数控加工工序卡片	工序号	2-2	工序内容	数控铣削——奖杯		
单位：××××	零件名称		零件图号	材料	夹具名称	使用设备
	奖杯		CHL-ZHJZ-01-FB004-B	AL6061	专用夹具	加工中心
工步号	工步内容	刀具号	刀具规格	主轴转速/(r·min^{-1})	进给速度/(mm·min^{-1})	背吃刀量/mm	备注
1	等高铣奖杯边缘及型腔余量						
2	奖杯轮廓倒角						
编制		审核		批准		第 页	共 页

2. 安装刀具、建立刀具清单以及零点偏移

根据数控加工工序卡片1、2、3、4，确认刀盘上的刀具安装，如图3-7所示。然后在数控系统中建立刀具清单，确认对刀参数。最后设置零点偏置参数。

图 3-7　加工中心刀盘

3. 建立数控加工程序架构并编制加工程序

1）编制连杆数控加工程序

利用机器人完成连杆的上下料，引入3D测量之后，连杆程序（LGZIDONGERXU）应包含3D测量的数控程序，如表3-7所示。一次装夹涉及的所有工序的数控程序执行完毕后，必须让刀架回安全位置，留出足够的空间让机器人抓取零件，然后向S7-1200 PLC发送加工执行完成的信号。

表 3-7　连杆程序

连杆程序1 （LGZIDONGYIXU）	一次装夹	铣削圆弧轮廓
		倒角
		刀架回安全位置，让机器人抓取零件
		机床发送加工完成信号给 S7-1200 PLC
连杆程序2 （LGZIDONGERXU）	二次装夹	加工连杆两侧的余量
		等高铣削连杆的外轮廓
		精铣圆弧
		整体轮廓倒角
		进行3D测量
		刀架回安全位置，让机器人抓取零件
		机床发送加工完成信号给 S7-1200 PLC

按照上述程序框架，完成奖杯具体数控加工程序的编写。

2）编制奖杯数控加工程序

利用机器人完成奖杯的上下料，引入 3D 测量之后，程序（JBZIDONGERXU）应包含 3D 测量的数控程序，如表 3-8 所示。一次装夹涉及的所有工序的数控程序执行完毕后，必须让刀架回安全位置，留出足够的空间让机器人抓取零件，然后向 S7-1200 PLC 发送加工执行完成的信号。

表 3-8 奖杯程序

奖杯程序 1 （JBZIDONGYIXU）	一次装夹	铣削上表面
		等高铣奖杯余量
		精铣奖杯两侧余量
		奖杯轮廓倒角
		刀架回安全位置，让机器人抓取零件
		机床发送加工完成信号给 S7-1200 PLC
奖杯程序 2 （JBZIDONGERXU）	二次装夹	等高铣奖杯边缘及型腔余量
		奖杯轮廓倒角
		进行 3D 测量
		刀架回安全位置，让机器人抓取零件
		机床发送加工完成信号给 S7-1200 PLC

按照上述程序框架，完成奖杯具体数控加工程序的编写。

4. 数控加工程序外部 PLC 调用的设置

在 828D 数控系统中完成数控加工程序 JBZIDONGYIXU、JBZIDONGERXU、LGZIDONGYIXU、LGZIDONGERXU 的编制，然后完成外部 PLC 调用的设置。其中，LGZIDONGYIXU 程序存放在列表 101 位置、LGZIDONGERXU 存放在列表 102 位置。

5. 单机模式自动试运行

在工业机器人程序、触摸屏程序和 PLC 程序已经完成编写调试的基础上，完成前序工作内容后，即可进行智能三轴铣削加工单元的联合调试。

1）连杆加工自动试运行

（1）将加工中心设置成准备状态：门开，消除急停，消除报警，手动模式回零，开启使能，液压起，确认卡盘开，倍率 100%，排屑器打开，确认刀架安全位置。

（2）工业机器人设置为自动运行状态，速度设置为 20%。

（3）将毛坯放置在托盘上指定的位置，等待机器人抓取，如图 3-8 所示。

（4）在触摸屏的机器人页中，启动干燥机和超声波清洗机，如图 3-9 所示，自动运行过程中，设备会自动启动清洗和干燥功能；在返回主页时，选择"连杆"，然后再单击"模拟小车送料到位"，如图 3-10 所示。

工作任务三　零件的智能铣削加工

图 3-8　托盘上放置毛坯（一）

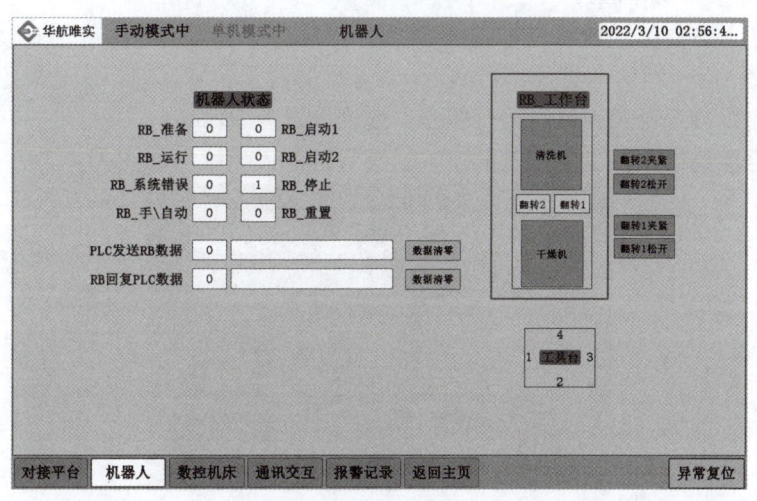

图 3-9　HMI 机器人（一）

图 3-10　返回主页（一）

（5）机器人将加工完成的连杆零件放入托盘之后，托盘会自动移出到小车接驳位置，如图 3-11 所示。

图 3-11 托盘移出（一）

2）奖杯加工自动试运行

（1）将加工中心设置成准备状态：门开，消急停，复位消报警，手动模式消回零，开启使能，液压起，确认卡盘开，倍率100%，排屑器开，确认刀架安全位置。

（2）工业机器人设置为自动运行状态，速度设置为20%。

（3）将毛坯放置在托盘上指定的位置，等待机器人抓取，如图3-12所示。

图 3-12 托盘上放置毛坯（二）

（4）在触摸屏的机器人页中，启动干燥机和超声波清洗机，如图3-13所示，自动运行过程中，设备会自动启动清洗和干燥功能；在返回主页时，选择"奖杯"，然后再单击"模拟小车送料到位"，如图3-14所示。

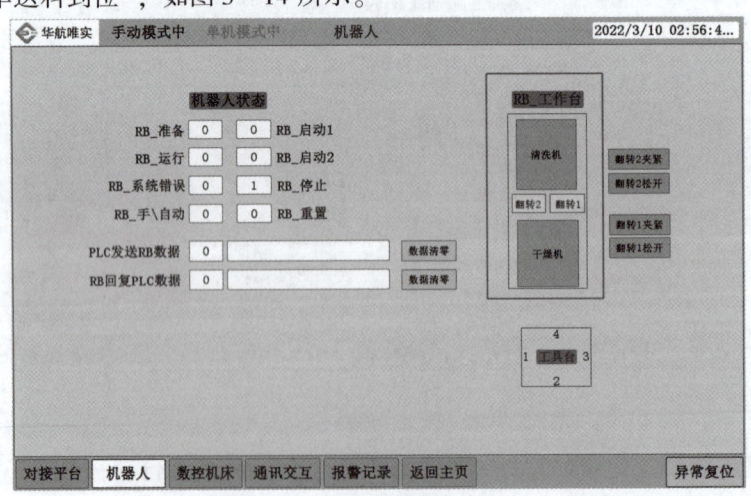

图 3-13 HMI 机器人（二）

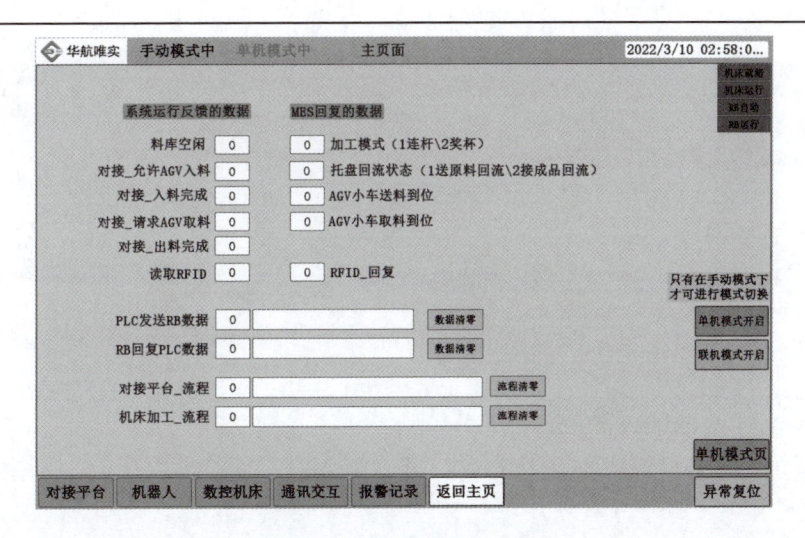

图 3–14　返回主页（二）

（5）机器人将加工完成的奖杯零件放入托盘之后，托盘会自动移出到小车接驳位置，如图 3–15 所示。

图 3–15　托盘移出（二）

五、评价反馈

评价项目	分值	序号	评分标准	评分分值	自评	师评
职业素养	20分	①	遵守操作规程，养成严谨科学的工作态度	缺乏规范，扣5分		
		②	尊重他人劳动，不窃取他人成果，即独立完成工作任务	缺乏素养，扣5分		
		③	严格执行5S现场管理	不达标，扣5分		
		④	积极出勤，工作态度良好	不达标，扣5分		
知识准备	30分	①	了解智能三轴铣削加工单元的组成及功能	不了解，每错一处扣1分，共5分		
		②	了解智能三轴铣削加工单元的工艺流程	不了解，每错一处扣1分，共5分		
		③	了解智能三轴铣削加工单元相关智能设备的信号关系	不了解，每错一处扣2分，共10分		
		④	了解智能三轴铣削加工单元的关键技术	不了解，每错一处扣2分，共10分		
任务实施	50分	①	能正确识读铣削零件图	叙述有误，每错一处扣2分，共10分		
		②	能完成数控加工工艺表单的填写	每张表格，每错一处扣2分，共10分		
		③	能完成数控加工程序编程与外部PLC的调用	能完成数控加工程序编程与外部PLC的调用，得10分		
		④	能完成智能三轴铣削加工单元单机模式的自动试运行	完成连杆零件或奖杯零件的加工及上下料，得20分。全都未完成，扣20分		
			合计			

工作任务四

零件成品的智能检测

一、任务目标

在智能检测单元中，联合调试三坐标测量机、视觉系统、工业机器人、触摸屏、PLC，对完成加工的连杆、奖杯座、活塞和奖杯零件的关键轮廓进行测量，对比实际测量结果与零件加工要求，判定零件加工是否合乎要求，实现智能检测单元的典型应用。

【知识目标】

（1）了解智能检测单元的组成及功能；

（2）了解智能检测单元的工艺流程；

（3）了解智能检测单元的通信关系。

【能力目标】

（1）能够读懂零件图纸，确定被检测目标；

（2）能够完成三坐标测量机自动化检测的设置；

（3）能够完成机器视觉的自动化检测设置；

（4）能够联合调试智能检测单元，判定零件加工是否合乎要求。

【素养目标】

（1）认真负责的工作态度、耐心细致的工作作风、严谨规范的工作理念；

（2）学习与工作中的沟通协调能力和再学习能力；

（3）全局的系统性思维。

二、前期准备

1. 技能基础

（1）具备三坐标测量机的基本操作能力，如三坐标测量机的开机、接通、回零、手柄操作、测量软件的使用等。

（2）具备利用三坐标测量机对零件被测要素相关的形位公差进行手动编程和自动编程的技能。

（3）具备机器视觉的基本操作能力，如开机、接通、通信设置、建立场景模板、设置传送参数等。

（4）具备工业机器人的基本操作能力，如开机、接通、手动、自动切换、操作与编程等。

（5）具备智能检测单元电气设备的基本操作能力，如单元上电、上气、开关机、触摸屏操作等。

（6）具备智能检测单元相关设备的风险识别及安全操作意识。

2. 知识准备

在本任务中，将使用三坐标测量机通过接触式测量（测头）的方式对完成数控加工的零件关键尺寸进行测量，以验证数控加工是否合乎要求。进行任务操作前，需要掌握三坐标测量机的使用方式，包含文件操作方式和基本测量方式。

1）文件操作方式

文件菜单中包含"新建"/"打开"等多个选项，可以建立新的工件测量工程即工作区（见图4-1），或打开已有的工作区。

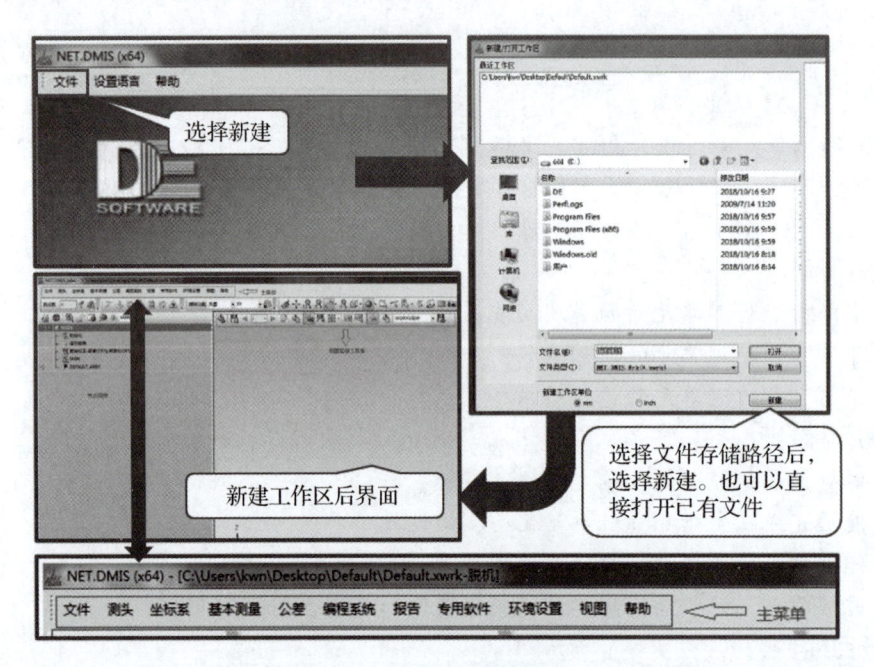

图4-1 新建工件测量工程

工作区文件中包括测量程序、测量结果、CAD模型、设置的安全平面、视图管理、保存的坐标系、表头设置、标签设置、基本设置中的部分设置（CAD-距离、输出相关元素名称、实测值等显示顺序）和报告窗口。工作区文件的后缀名为 xwrk。例如：Workspace.xwrk 保存工作区会把工作区文件中的所有内容都保存下来。

此外，也可以在图4-2所示界面中"新建"/"打开"工作区。

2）基本测量方式—圆

三坐标测量机支持多种轮廓和公差的测量，以圆的测量为例。测量对象可以是通过CAD接口导入的模型，也可以是通过接触式测量获取的数据。

当测量对象为CAD三维模型时，测量流程如下。

（1）导入模型。

（2）建立与模型坐标系相同的工件坐标系。

（3）打开自动测量圆界面，根据测量要求，在CAD模型上拾取，选中后该线高亮显示，如图4-3所示，同时以高亮状态箭头显示圆所在平面的矢量方向。

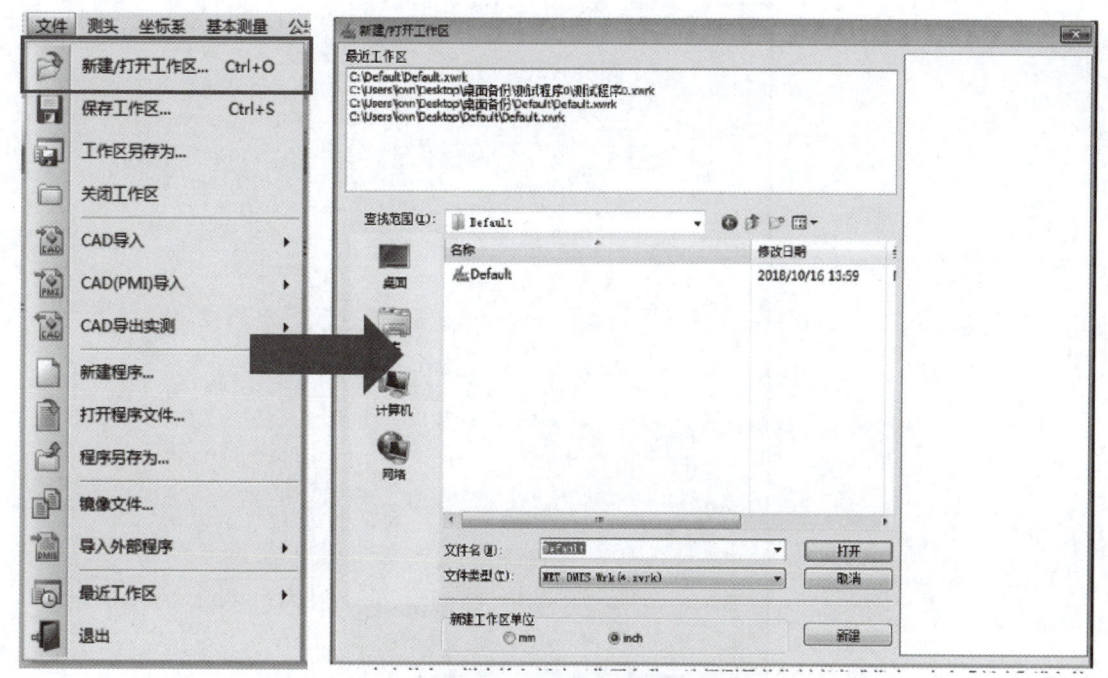

图 4-2 新建工作区方法

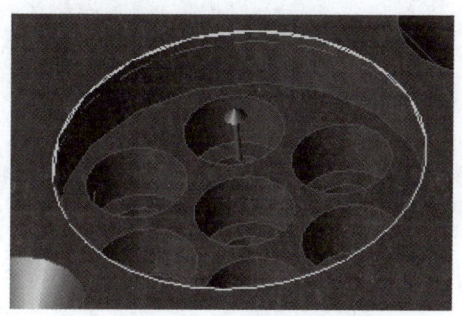

图 4-3 模型拾取

（4）输入圆的参数（圆的参数自动读入界面中），如图 4-4 所示。

（5）设置好所有参数后，单击"路径"，检查相关参数设置是否合理、有无路径异常等。

（6）单击"测量"，机器自动测量，测量完成后在节点程序界面生成程序及结果。若不想测量，则可单击"创建"，在节点程序界面生成程序及理论结果。

（7）单击"关闭"，退出自动测量界面。

当检测对象为真实物体时，对应操作如下：

（1）建立工件坐标系（此部流程一般已经由专业技术人员完成调试），打开自动测量圆界面。

注意：建立工件坐标系之前，首先要在工件上测量（或构造）所需的特征（基本几何元素）。建立工件坐标系一般分为三个步骤：空间旋转，即以所选矢量元素（平面、直线、圆锥、圆柱）确定为第一轴主轴；平面旋转，即以所选矢量元素（平面、直线、圆锥、圆柱）确定为第二轴副轴；偏置，即以所选元素确定坐标原点。

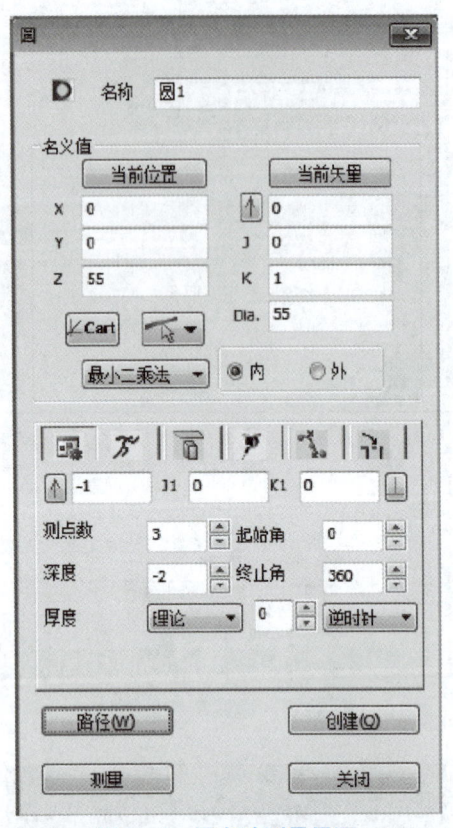

图 4-4 圆自动测量界面

（2）选择以自动测量或手动拾取的方式测量圆，得到圆的名义值；或参照图纸输入圆的名义值。

（3）设置好所有参数后，单击"路径"，检查相关参数设置是否合理及有无路径异常等。

（4）单击"测量"，机器自动测量，测量完成后在节点程序界面生成程序及结果。若不想测量，则可单击"创建"，在节点程序界面生成程序及理论结果。

（5）单击"关闭"，退出圆测量界面。

3. 仪器设备

仪器设备涉及智能检测单元和末端执行器，如表 4-1 所示。

表 4-1 仪器仪表

序号	仪器仪表	图示
1	智能检测单元	

续表

序号	仪器仪表	图示
2	末端执行器	

三、信息页

1. 智能检测单元的组成及功能

1）智能检测单元的组成

智能检测单元包括以下子模块：三坐标测量机、六轴工业机器人、机器视觉、AGV 对接机构、抓手工具、加工中心、输送单元、RFID 单元、超声波清洗机、PLC 控制单元、人机 HMI 单元、单元监控系统、台架及其他配件，如图 4-5 所示。

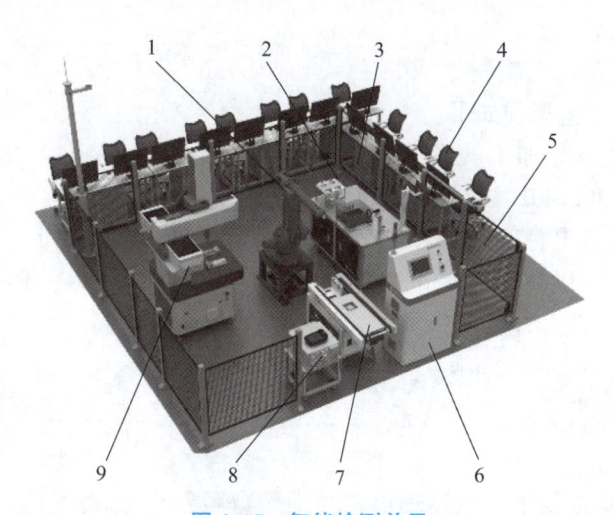

图 4-5 智能检测单元

1—工业机器人；2—CCD 检测台；3—安全围栏；4—学习工位；5—安全门；
6—单元操作台；7—AGV 对接机构；8—机器人控制柜；9—三坐标检测机

2）智能检测单元的功能

智能检测单元可以对两种不同的产品进行视觉检测和三坐标检测，共 6 种模式，如图 4-6 所示，分别是活塞底座视觉检测、奖杯底座视觉检测、活塞连杆三坐标检测、奖杯杯身三坐标检测、活塞底座视觉检测和活塞连杆三坐标检测、奖杯底座视觉检测和奖杯杯身三坐标检测。

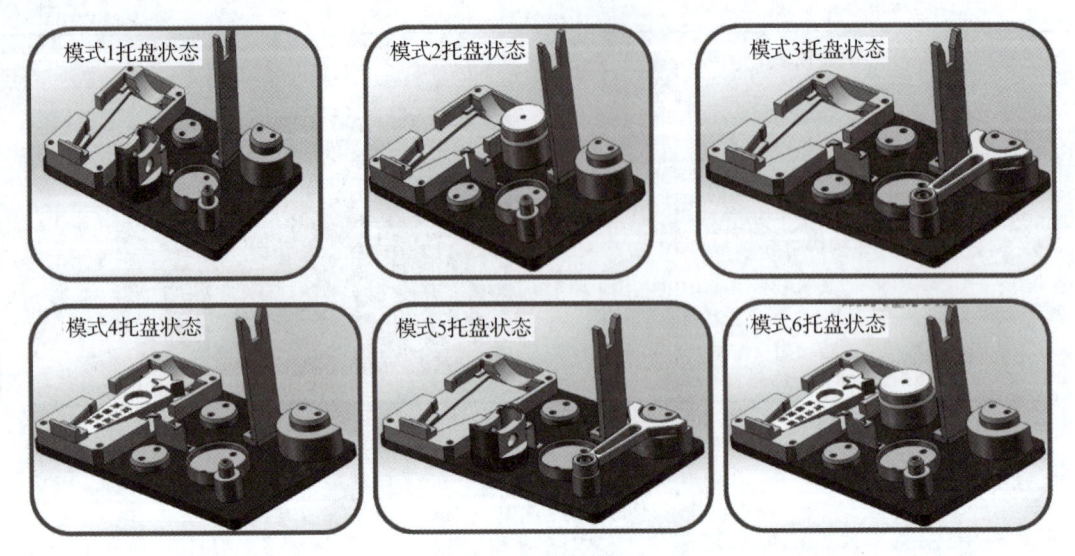

| 模式1托盘状态 | 模式2托盘状态 | 模式3托盘状态 |
| 模式4托盘状态 | 模式5托盘状态 | 模式6托盘状态 |

图4-6 智能检测单元的检测模式

智能检测单元具备对AGV小车的托盘物料自动接驳功能、机器人自动上下料功能、三坐标测量机检测功能、CCD视觉外观检测功能等，可提供稳定、连续、可靠的零部件自动检测，有效克服人工检测易疲劳、个性差异和重复性差等缺点，显著提高产品质量水平和生产效率，降低生产成本。

2. 智能检测单元的工艺流程

智能检测单元的工艺流程如下：

（1）AGV协助托盘将加工的零件运送至检测工作站，AGV对接机构将托盘接上输送机，AGV对接机构上的RFID读写器读取托盘信息；

（2）机器人从托盘上将工件抓取放入检测区进行检测；

（3）检测完成后，机器人将合格件放入托盘送至AGV上，AGV带着托盘行走至下个工位，工艺流程如图4-7所示。

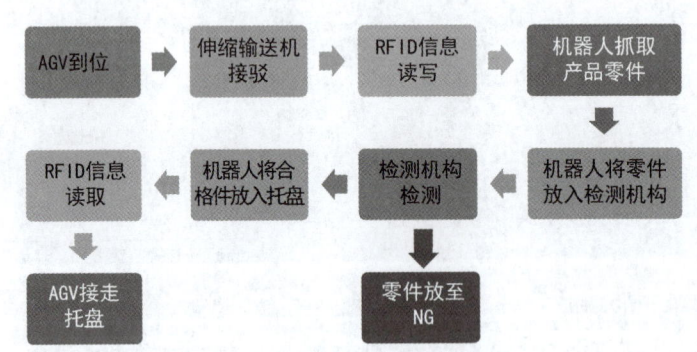

AGV到位 → 伸缩输送机接驳 → RFID信息读写 → 机器人抓取产品零件 → 机器人将零件放入检测机构 → 检测机构检测 → 机器人将合格件放入托盘 → RFID信息读取 → AGV接走托盘

零件放至NG

图4-7 智能检测单元的工艺流程

3. 智能检测单元的通信关系

智能检测单元中涉及多种通信协议的使用，以保证各个模块之间数据通信的传输，具体见表4-2。

表4-2 智能检测单元设备通信参数

序号	区域	设备名称	IP地址	通信方式
1	智能检测单元	PLC 1215	192.168.0.40	S7（与主站）
2		KTP 1200 触摸屏	192.168.0.41	PROFINET
3		ABB 1410 机器人	192.168.0.42	PROFINET
4		华太远程 IO 模块	192.168.0.43	PROFINET
5		RFID（4004）	192.168.0.44	Modbus TCP
6		CCD 视觉控制器	192.168.0.45	PROFINET
8		监控	192.168.0.46	TCP/IP
9		三坐标检测机	192.168.0.47	S7 通信

生产过程中视觉系统
的工作原理

四、工作页

学院		专业	
姓名		学号	

任务中涉及的工业机器人程序、触摸屏程序及 S7-1200 PLC 程序已经完成编写及调试。

1. 识读零件图纸、确定被测目标

利用三坐标测量机，对零件加工精度要求较高的尺寸进行检测，判定零件加工是否符合要求。分别识读连杆零件图、奖杯零件图、活塞零件图和奖杯座零件图，确定视觉检测的轮廓要素。

视觉检测的工业应用

2. 三坐标测量机自动化检测设置

1）智能测量设置

要建立三坐标测量机与 PLC 的通信，首先应完成 HW_Config.exe 的设置，如图 4-8 所示，选择实际型号的 PLC 以及 PLC 的通信地址。

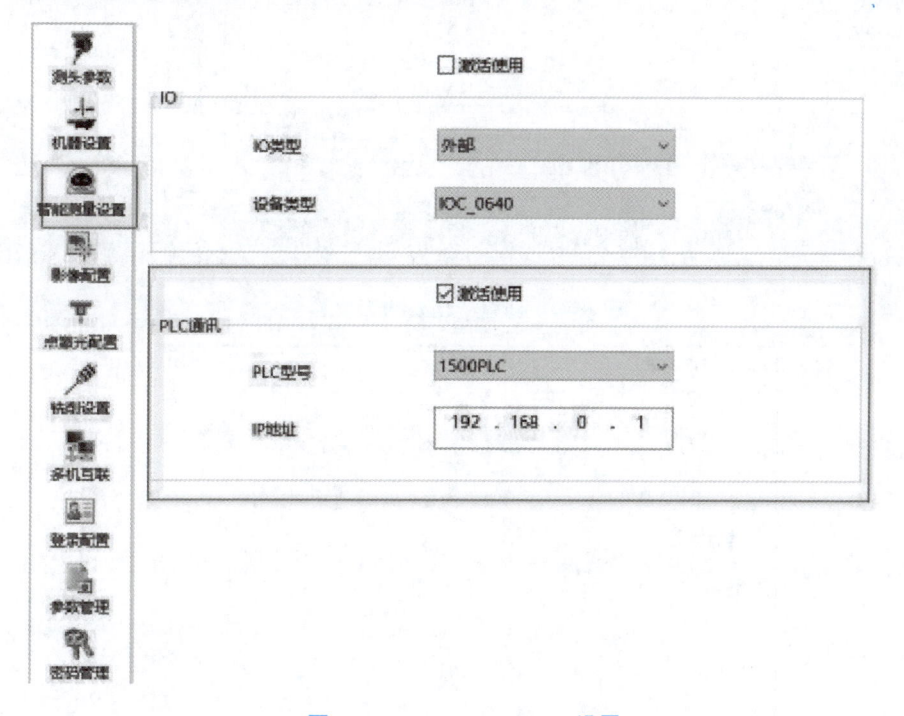

图 4-8　HW_Config.exe 设置

2）PLC 联机功能设置

打开软件，新建"Default"，如图 4-9 所示。

在软件中单击"自动化"，完成奖杯和连杆检测的程序路径设置，如图 4-10 所示，设置好之后，勾选"PLC 连接"并单击"运行"即可，让软件处于待机模式，请勿进行其他操作，如图 4-11 所示。

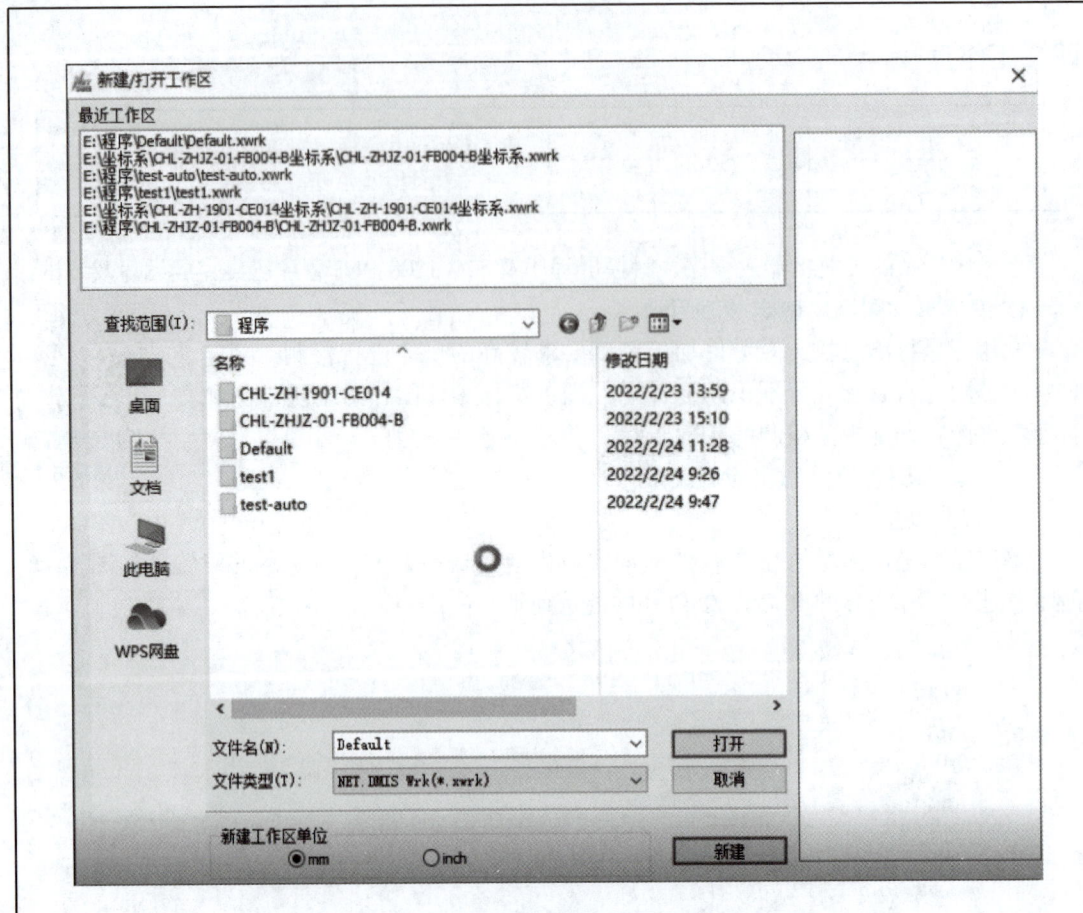

图 4-9 新建"Default"文件

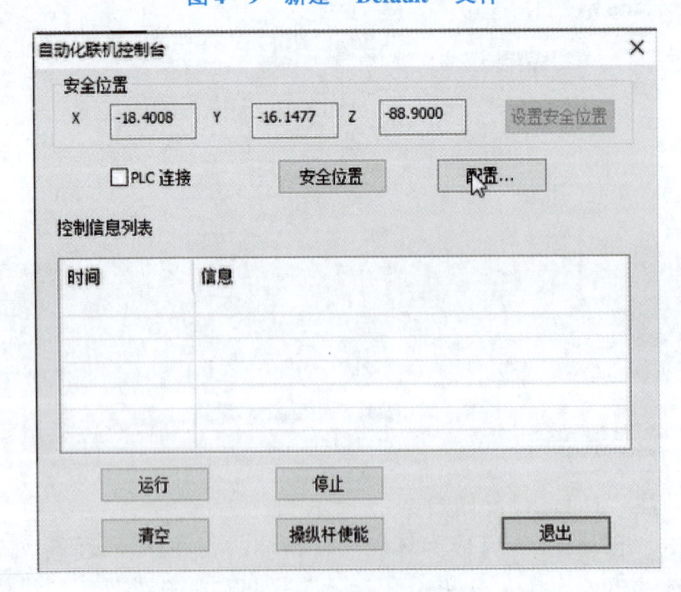

图 4-10 自动化联机设置

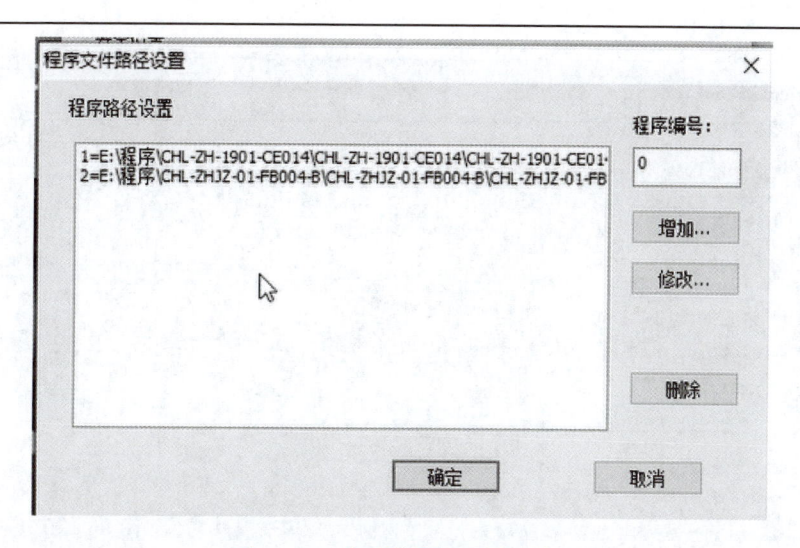

图 4-10 自动化联机设置（续）

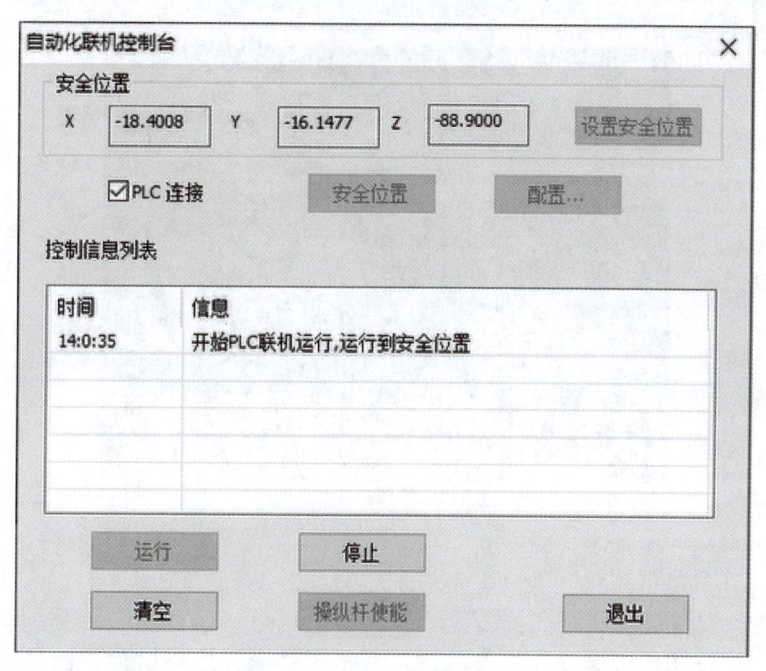

图 4-11 自动化联机

3. 机器视觉的自动化检测设置

在系统设置中选择"Profinet"，设置完成后需要重启系统。

设置 Profinet 的通信数据格式，如图 4-12 所示。

注意1：图中输出控制，要选择"无"，如果选择"握手"，会报通信超时故障。

注意2：数据输出长度要与西门子中的设置一致。

机器视觉软件的通信配置已经完成，只要打开软件即可，如图 4-13 所示。

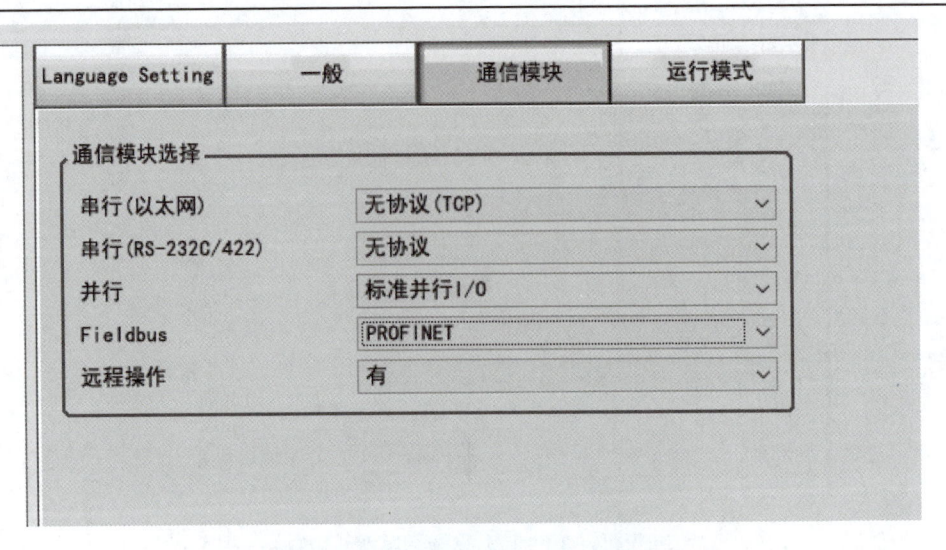

图 4-12　系统设置中选择"Profinet"

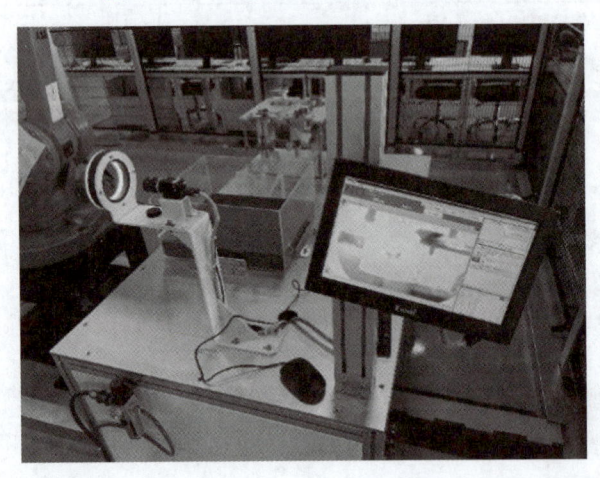

图 4-13　打开视觉软件

4. 单机模式自动试运行

1）三坐标测量机检测的自动试运行

（1）将三坐标测量机设置成准备状态：开机，接通，启动软件，回零，启动自动化按钮。

（2）工业机器人设置为自动运行状态，速度设置为 20%。

（3）将连杆、奖杯放置于托盘上的指定位置，等待机器人抓取，如图 4-14 和图 4-15 所示。

（4）在触摸屏交互页的单机区域中选择相应的模式，如连杆检测或奖杯身检测，如图 4-16 所示，然后再单击"模拟小车送料到位"。

（5）三坐标测量机检测完毕之后，要么机器人将零件送入 NG 区（见图 4-17），要么放回托盘原来的位置。

图 4-14 托盘上放置连杆

图 4-15 托盘上放置奖杯

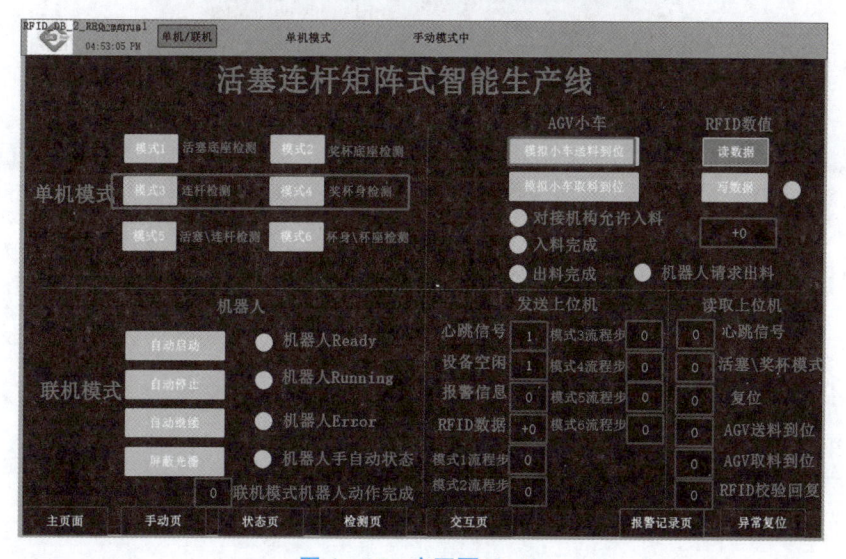

视觉传感器在工业机器人上的应用

图 4-16 交互页（一）

2）机器视觉检测的自动试运行

（1）将机器视觉设置成准备状态：开机，打开软件，确认处于通信状态。

（2）将工业机器人设置为自动运行状态，速度设置为20%。

（3）将奖杯底座或活塞底座放置于托盘上的指定位置，等待机器人抓取，如图4-18和图4-19所示。

图 4-17　NG 区

图 4-18　托盘上放置活塞底座（一）

图 4-19　托盘上放置活塞底座（二）

（4）在触摸屏交互页的单机区域中选择相应的模式，如连杆检测或奖杯身检测，如图 4-20 所示，然后再单击"模拟小车送料到位"。

（5）三坐标测量机检测完毕之后，要么机器人将零件送入 NG 区（见图 4-17），要么放回托盘原来的位置。

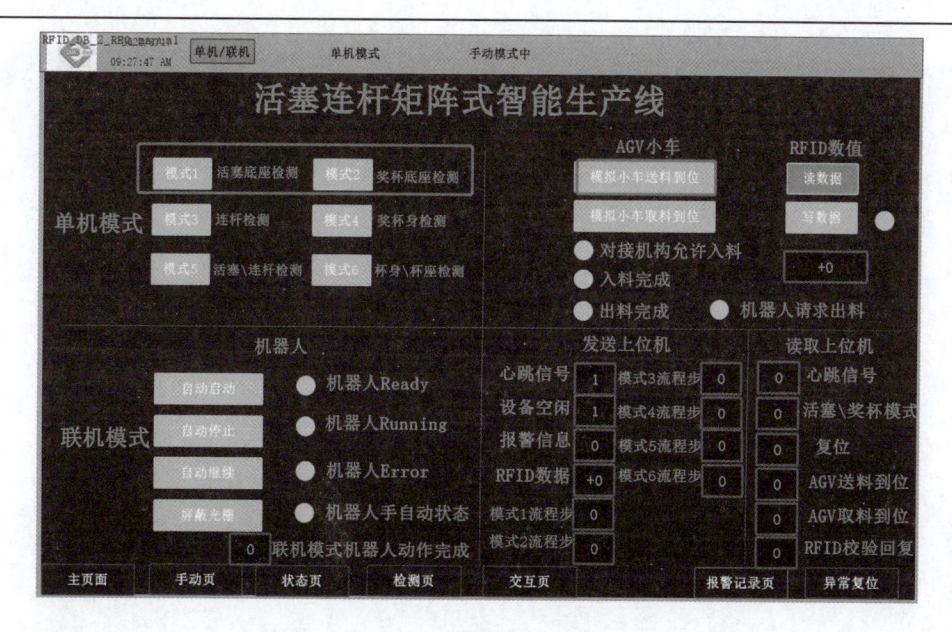

图 4-20 交互页（二）

五、评价反馈

评价项目	分值	序号	评分标准	评分分值	自评	师评
职业素养	20 分	①	遵守操作规程，养成严谨科学的工作态度	缺乏规范扣 5 分		
		②	尊重他人劳动，不窃取他人成果，即独立完成工作任务	缺乏素养扣 5 分		
		③	严格执行 5S 现场管理	不达标扣 5 分		
		④	积极出勤，工作态度良好	不达标扣 5 分		
知识准备	30 分	①	了解智能检测单元的组成及功能	不了解，每错一处扣 1 分，共 5 分		
		②	了解智能检测单元的工艺流程	不了解，每错一处扣 1 分，共 5 分		
		③	了解智能检测单元相关智能设备的信号关系	不了解，每错一处扣 2 分，共 10 分		
		④	了解智能检测单元的关键技术	不了解，每错一处扣 2 分，共 10 分		
任务实施	50 分	①	能正确识读零件图，确定被测要素	叙述有误，每错一处扣 2 分，共 10 分		
		②	能完成三坐标测量机自动化检测设置	能完成奖杯或连杆三坐标测量机自动化检测设置，得 10 分		
		③	能完成机器视觉自动化检测设置	能完成奖杯底座或活塞底座机器视觉自动化检测设置，得 10 分		
		④	能完成智能检测单元单机模式自动试运行	能完成智能检测单元单机模式自动试运行，得 20 分		
合计						

工作任务五

零件的智能组装

一、任务目标

本次任务，基于理解智能组装单元的应用、流程以及信号交互的基础上，按照工单流程，对智能组装单元中的活塞、连杆装配以及奖杯装配进行联调和触摸屏操作，最终完成智能组装单元的典型应用。

【知识目标】
(1) 了解智能组装单元的组成及功能；
(2) 了解智能组装单元的工艺流程；
(3) 了解智能组装单元的通信关系。

【能力目标】
(1) 能够分析零件的装配工艺；
(2) 能够配置伺服电机参数；
(3) 能够联合调试智能组装单元，完成活塞连杆及奖杯的装配。

【素养目标】
(1) 认真负责的工作态度、耐心细致的工作作风、严谨规范的工作理念；
(2) 学习与工作中的沟通协调能力和再学习能力；
(3) 全局的系统性思维。

二、前期准备

1. 技能基础

(1) 具备 V90 伺服驱动器的基本操作能力，如伺服驱动器参数的配置、通信配置等。
(2) 具备工业机器人的基本操作能力，如开机、接通、手动、自动切换、操作与编程等。
(3) 具备智能组装单元电气设备的基本操作能力，如单元上电、上气、开关机、触摸屏操作等。
(4) 具备智能组装单元相关设备的风险识别和安全操作意识。

2. 仪器设备

仪器设备涉及智能检测单元、末端执行器和卡环钳，见表 5 – 1。

表 5-1 仪器仪表

序号	仪器仪表	图示
1	智能组装单元	
2	末端执行器	
3	卡环钳	

三、信息页

1. 智能组装单元的组成及功能

1）智能组装单元的组成

智能组装单元包括以下子模块：六轴工业机器人、AGV 对接单元、RFID 信息读取单元、抓手及快换工具、活塞环装配单元、活塞销装配单元、奖杯装配单元、PLC 控制单元、人机 HMI 单元、单元监控系统、台架及其他配件，如图 5-1 所示。

2）智能组装单元的功能

整个单元能够实现对 AGV 小车的托盘物料自动接驳功能、活塞连杆产品的活塞环及活塞销的装配功能、教学产品的部分部件装配功能。机器人自动装配工艺可充分发挥机器人的灵活性、高精度及稳定性等优势，大大降低智能制造系统非标设计时设备集成的难度，广泛应用于精益生产过程。

图 5-1 智能组装单元

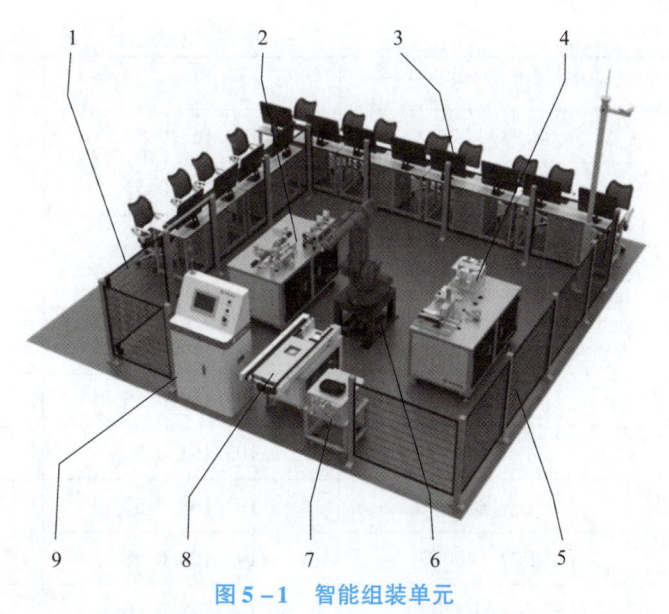

1—安全门；2—产品装配工位1；3—学习工位；4—产品装配工位2；5—安全围栏；
6—工业机器人；7—机器人控制柜；8—AGV对接机构；9—单元操作台

2. 智能组装单元的工艺流程

（1）AGV 将检测后的零件托盘送至产品装配工作站，AGV 对接机构将托盘接上输送机，AGV 对接机构上的 RFID 读写器读取托盘信息。

（2）机器人从托盘上将工件抓取至装配工位，分别对产品环、产品销、产品进行装配。

（3）装配完成后，机器人将装配后的产品放入托盘。

（4）AGV 对接机构将托盘送至 AGV 上，AGV 带着托盘行走至下个工位，工艺流程如图 5-2 所示。

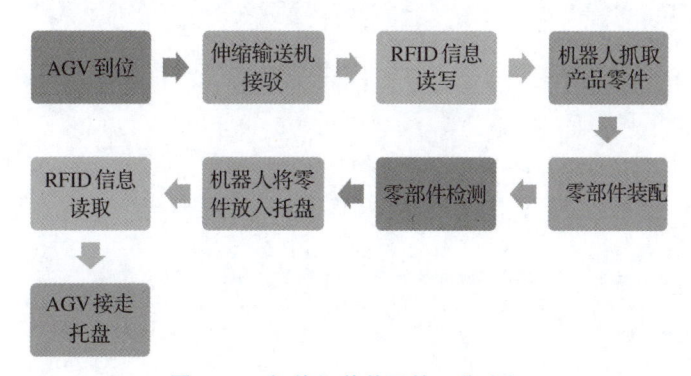

图 5-2 智能组装单元的工艺流程

3. 智能车削加工单元的通信关系

智能组装单元中涉及大量的数据通信，以确保各个模块之间完成相关的动作流程，其采用了 S7-1200 系列 PLC 与 V90 PN 伺服驱动器搭配进行位置控制，进而控制卡环的位置和安装数量。

任务涉及的通信参数具体见表 5-2。

表 5 – 2 智能组装单元设备通信参数

序号	区域	设备名称	IP 地址	通信方式
1	智能装配单元 1	PLC 1215	192.168.0.50	S7（与主站）
2		KTP 1200 触摸屏	192.168.0.51	PROFINET
3		ABB 1410 机器人	192.168.0.52	PROFINET
4		伺服 1	192.168.0.53	PROFINET
5		伺服 2	192.168.0.54	PROFINET
6		伺服 3	192.168.0.55	PROFINET
7		伺服 4	192.168.0.56	PROFINET
8		伺服 5	192.168.0.57	PROFINET
9		RFID（4005）	192.168.0.58	Modbus TCP
10		华太远程 IO 模块 1	192.168.0.60	PROFINET
11		华太远程 IO 模块 2	192.168.0.61	PROFINET
12		华太远程 IO 模块 3	192.168.0.62	PROFINET
13		监控	192.168.0.63	TCP/IP

四、工作页

学院		专业	
姓名		学号	

任务中涉及的工业机器人程序、触摸屏程序及 S7-1200 PLC 程序已经完成编写及调试。

1. 分析零件的装配工艺过程

1）分析活塞与连杆的装配工艺

通过智能组装单元，完成活塞与连杆的装配，如图 5-3 所示，装配的工艺流程如图 5-4 所示，物料的搬运借助工业机器人完成。

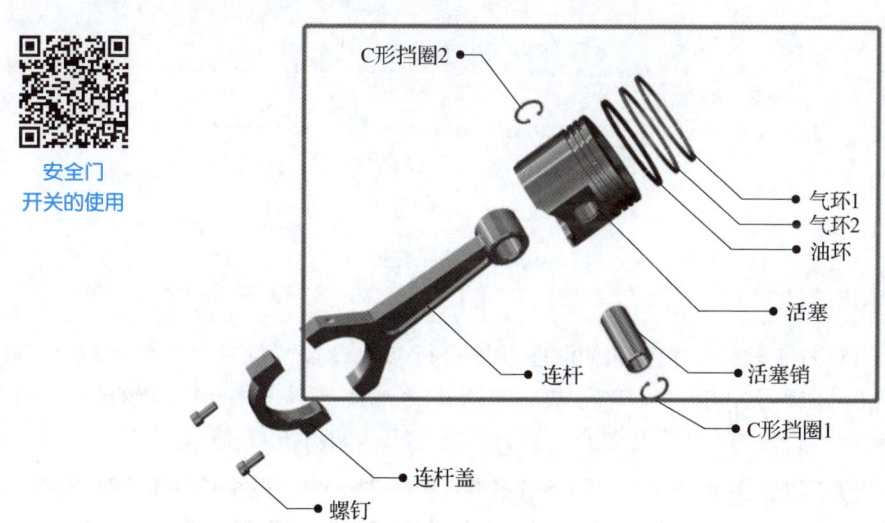

安全门开关的使用

图 5-3 活塞与连杆装配包含的零部件

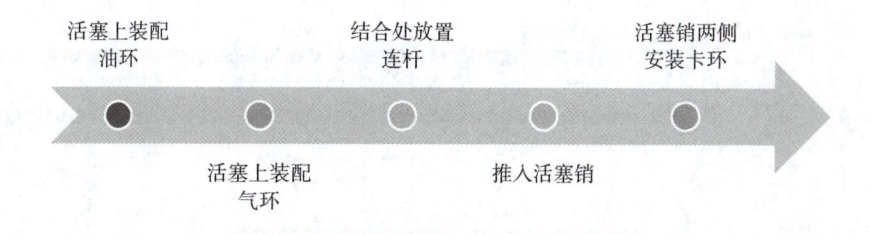

图 5-4 活塞与连杆的装配流程

2）分析奖杯芯片的装配工艺

通过智能组装单元，完成奖杯与芯片的装配，如图 5-5 所示，装配的工艺流程如图 5-6 所示，物料的搬运借助工业机器人完成。

图 5-5　奖杯与芯片的装配示意图

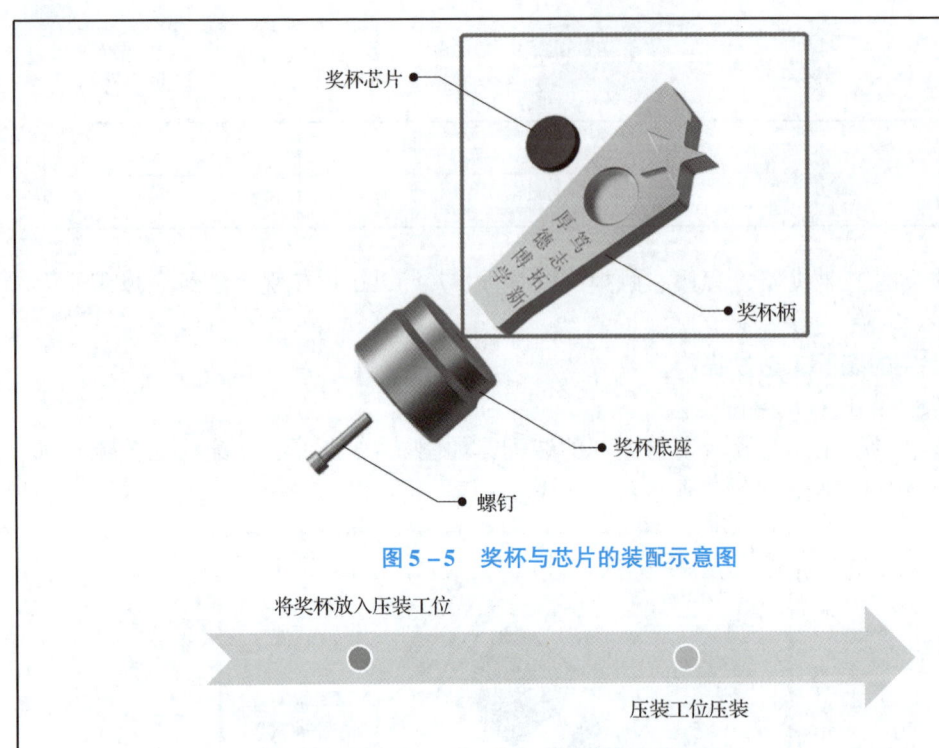

图 5-6　奖杯与芯片的装配流程

2. 配置伺服电机参数

利用 V-ASSISTANT 软件对相关的伺服驱动器进行参数设置，单击"选择驱动"，选择驱动器和电机的订货号，在"控制模式"中选择"基本定位器控制（EPOS）"，如图 5-7 所示，选择"111：西门子报文 111. PZD-12/12"，如图 5-8 所示。

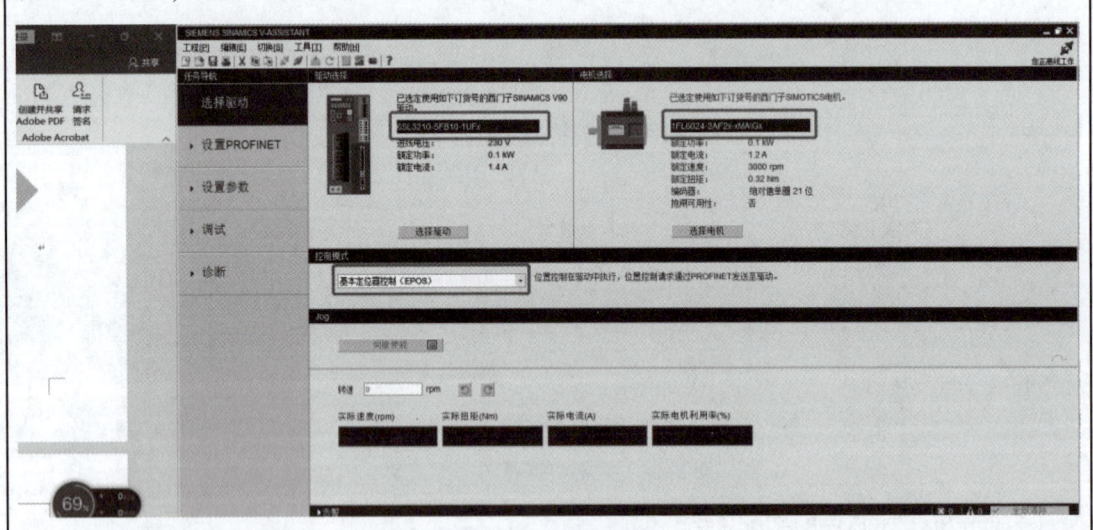

图 5-7　选择驱动

因电机的导程是 3 mm，为编程方便，设置导程对应的脉冲数为"9000"（3 的倍数），如图 5-9 和图 5-10 所示。根据工况条件设置好回零参数，如图 5-11 所示。

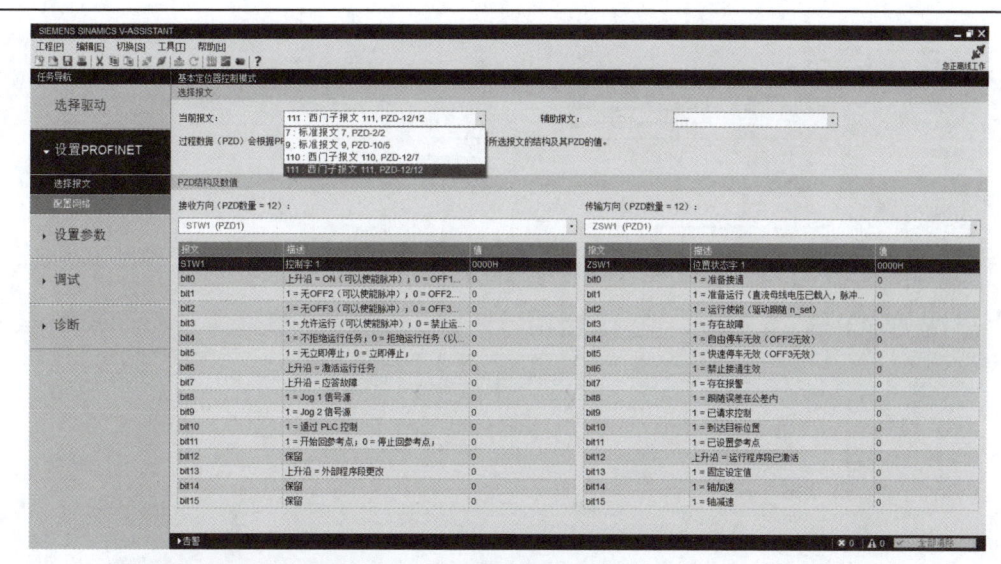

图 5-8 选择报文 "111"

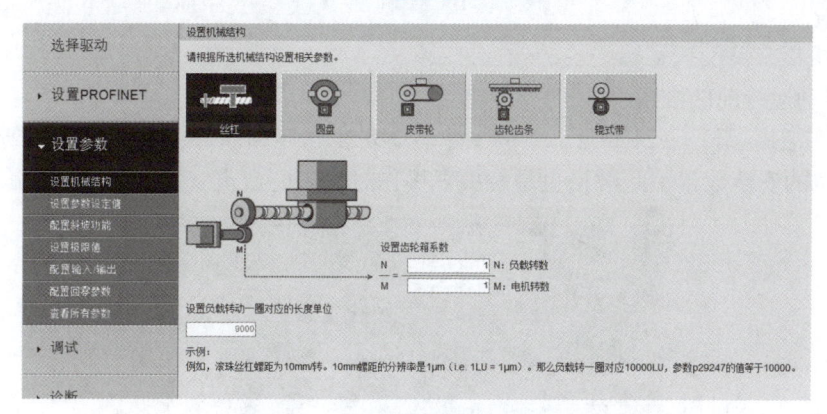

图 5-9 设置导程对应的脉冲数

图 5-10 设置 "机械齿轮：每转 LU"

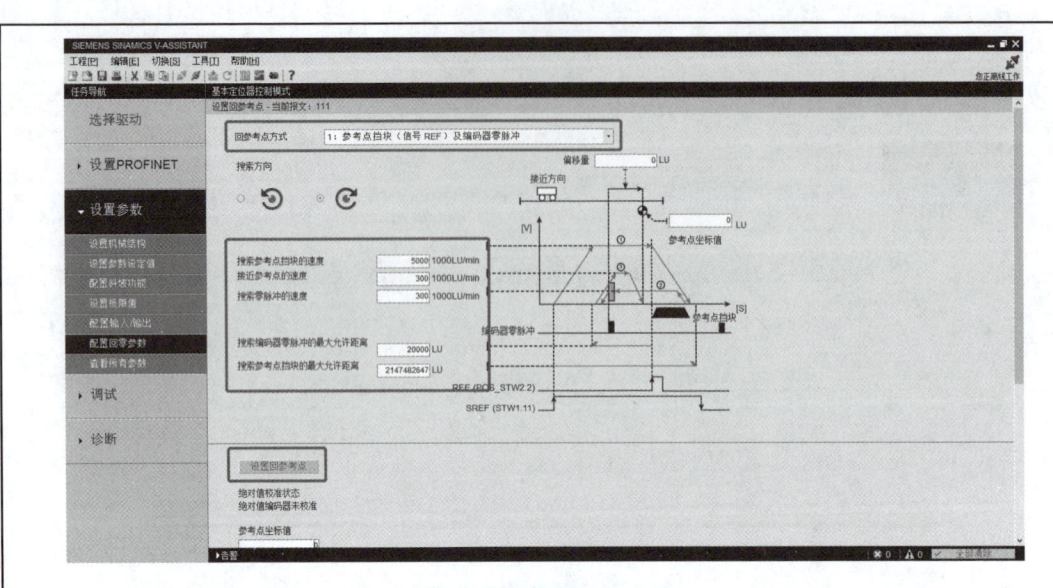

图 5-11 设置回零参数

3. 单机模式自动试运行

1) 自动运行前的准备

(1) 在活塞工位 1、工位 2、工位 3 处手动安装气环和油环，如图 5-12 所示，并记录每个工位的安装数量，此数量也是触摸屏操作时输入的数量（每组最多 10 个）。

图 5-12 手动安装气环和油环

(2) 用卡环钳将卡环放入侧推槽中，如图 5-13 所示，并记录每个工位的安装数量，此数量也是触摸屏操作时输入的数量（每组最多 10 个）。安装卡环挡套（见图 5-14），同时通过操作触摸屏，利用伺服电机将两侧安装好的卡环推到正确位置。

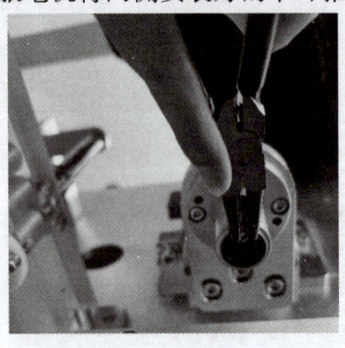

图 5-13 两侧安装卡环

图 5–14 两侧安装卡环挡套

（3）在触摸屏中输入安装气环、油环以及卡环的数量，如图 5–15 和图 5–16 所示。

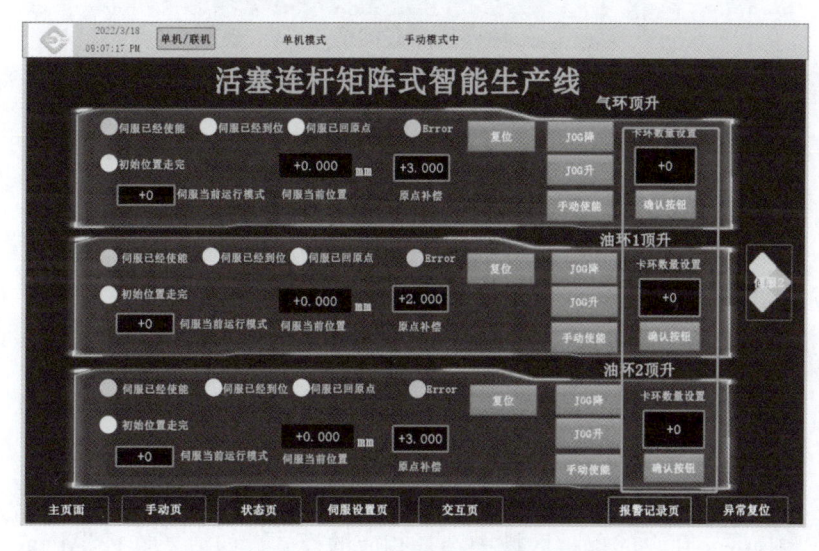

图 5–15 气环、油环数量设置

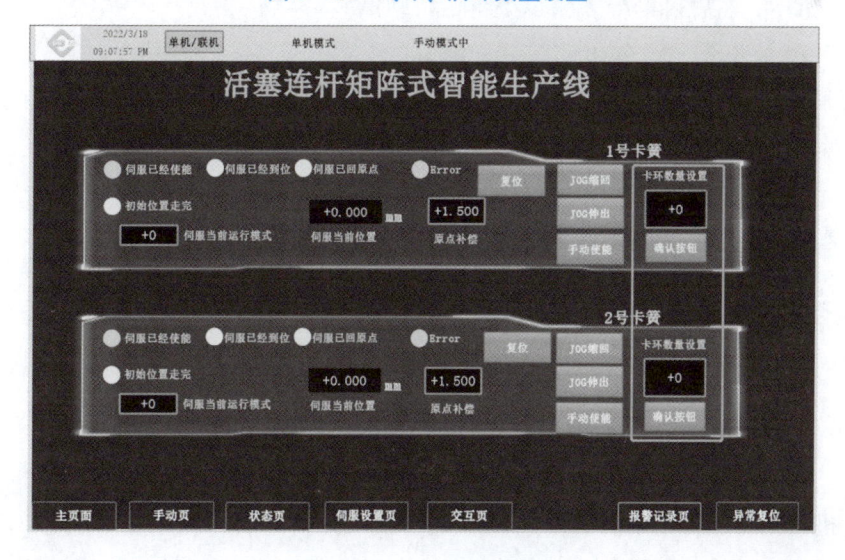

图 5–16 卡环数量设置

2）自动试运行

（1）工业机器人设置为自动运行状态，速度设置为20%。

（2）将活塞、连杆、奖杯放置于托盘上的指定位置，等待机器人抓取，如图5-17和图5-18所示。

图5-17　托盘上放置活塞和连杆

图5-18　托盘上放置奖杯

（4）在触摸屏交互页的单机区域中选择相应的模式，如活塞连杆生产或奖杯生产，如图5-19所示，然后再单击"模拟小车送料到位"。

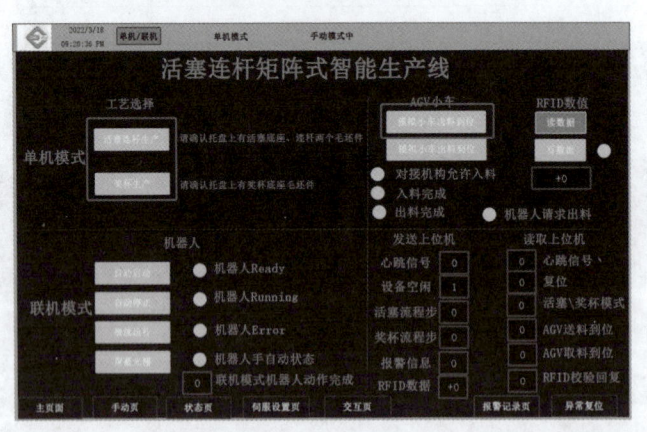

图5-19　交互页

（5）机器人将加工完成的活塞连杆或奖杯放入托盘之后，托盘会自动移出到小车接驳位置。

五、评价反馈

评价项目	配分	序号	评分标准	评分分值	自评	师评
职业素养	20 分	①	遵守操作规程，养成严谨科学的工作态度	缺乏规范扣 5 分		
		②	尊重他人劳动，不窃取他人成果，即独立完成工作任务	缺乏素养扣 5 分		
		③	严格执行 5S 现场管理	不达标扣 5 分		
		④	积极出勤，工作态度良好	不达标扣 5 分		
知识准备	30 分	①	了解智能组装单元的组成及功能	不了解，每错一处扣 1 分共 5 分		
		②	了解智能组装单元的工艺流程	不了解，每错一处扣 1 分共 5 分		
		③	了解智能组装单元相关智能设备的信号关系	不了解，每错一处扣 2 分，共 10 分		
		④	了解智能组装单元的关键技术	不了解，每错一处扣 2 分，共 10 分		
任务实施	50 分	①	能正确分析零件的装配工艺流程	叙述有误，每错一处扣 2 分，共 10 分		
		②	能配置伺服电机参数	叙述有误，每错一处扣 2 分，共 10 分		
		③	能完成活塞连杆生产单机模式自动试运行	能完成活塞连杆生产单机模式自动试运行，得 20 分		
		④	能完成奖杯生产单机模式自动试运行	能完成奖杯生产单机模式自动试运行，得 10 分		
合计						

工作任务六

产品的智能装配

一、任务目标

按照工单流程，对智能总装单元工业机器人系统、触摸屏进行操作，最终完成智能总装单元装配活塞连杆或奖杯的典型应用。

【知识目标】
(1) 了解智能总装单元的组成及功能；
(2) 了解智能总装单元的工艺流程；
(3) 了解智能总装单元的通信关系。

【能力目标】
(1) 能正确分析活塞连杆与盖板的装配工艺过程；
(2) 能正确分析奖杯与底座的装配工艺过程；
(3) 能完成活塞连杆生产单机模式的自动试运行；
(4) 能完成奖杯生产单机模式的自动试运行。

【素养目标】
(1) 精益求精的工匠精神；
(2) 持续主动的学习习惯；
(3) 与时俱进的创新能力。

二、前期准备

1. 技能基础

(1) 具备工业机器人系统的基本操作能力（如示教编程）；
(2) 具备电气设备的基本操作能力（如单元上电）；
(3) 具备相关设备的风险识别及安全操作意识。

2. 仪器设备

仪器设备涉及智能总装单元及末端执行器，见表6-1。

表 6-1 仪器设备

序号	仪器仪表	图示
1	智能总装单元	
2	末端执行器	

三、信息页

1. 智能总装单元的组成及功能

1) 智能总装单元的组成

智能总装单元主要包括六轴工业机器人、AGV 对接机构（含 RFID）、工业机器人工具库、零部件（如连杆盖）供料单元、自动锁螺丝装置、活塞连杆装配单元（产品装配工位1）、奖杯装配单元（产品装配工位2）、PLC 控制单元、人机 HMI 单元、台架及其他配件，如图 6-1 所示。

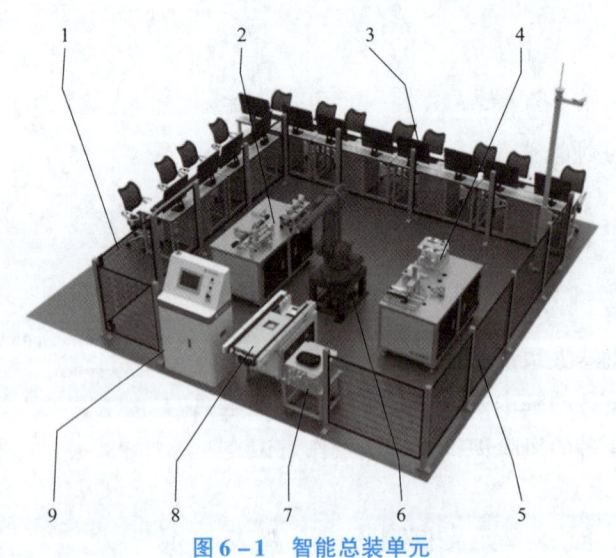

图 6-1 智能总装单元

1—安全门；2—产品装配工位1；3—学习工位；4—产品装配工位2；5—安全围栏；
6—工业机器人；7—机器人控制柜；8—AGV 对接机构；9—单元操作台

2）智能总装单元的功能

智能总装单元具备 AGV 小车的托盘物料自动接驳功能、活塞连杆与连杆盖锁螺丝装配功能、奖杯锁螺丝装配功能。工业机器人自动装配工艺，可充分发挥机器人灵活性、高精度和稳定性等优势，大大降低智能制造系统非标设计时设备集成的难度，广泛应用于精益生产过程。

2. 智能总装单元的工艺流程

（1）AGV 将放置有半成品的托盘送至接驳机构，经由 RFID 读写器读取托盘信息。

（2）工业机器人根据工艺选择，从托盘上将半成品抓取放至对应装配工位，完成活塞、连杆与奖杯的装配。

（3）装配完成后，工业机器人将成品产品放入托盘，再经由接驳机构将托盘送至 AGV 上，AGV 带着托盘行走至下个工位，工艺流程如图 6-2 所示。

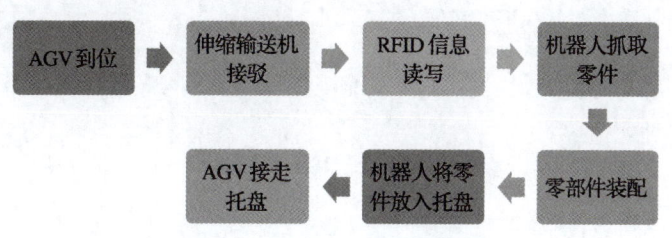

图 6-2　智能总装单元工艺流程

3. 智能总装单元的通信关系

智能总装单元中涉及多种通信协议的使用，以保证各个模块之间数据通信的传输，具体见表 6-2。

表 6-2　智能总装单元设备通信参数

序号	区域	设备名称	IP 地址	通信方式
1	智能总装单元	PLC 1215	192.168.0.70	S7（与主站）
2		KTP 1200 触摸屏	192.168.0.71	PROFINET
3		ABB 1410 机器人	192.168.0.72	PROFINET
4		华太远程 IO 模块 1	192.168.0.73	PROFINET
5		华太远程 IO 模块 2	192.168.0.74	PROFINET
6		RFID（4006）	192.168.0.75	Modbus TCP
7		监控	192.168.0.76	TCP/IP

认识 RFID

四、工作页

学院		专业	
姓名		学号	

1. 分析零件的装配工艺过程

1）分析活塞、连杆与盖板的装配工艺

在智能总装单元的产品装配工位 1 可完成活塞、连杆与盖板的装配（见图 6-3），装配的工艺流程如图 6-4 所示。

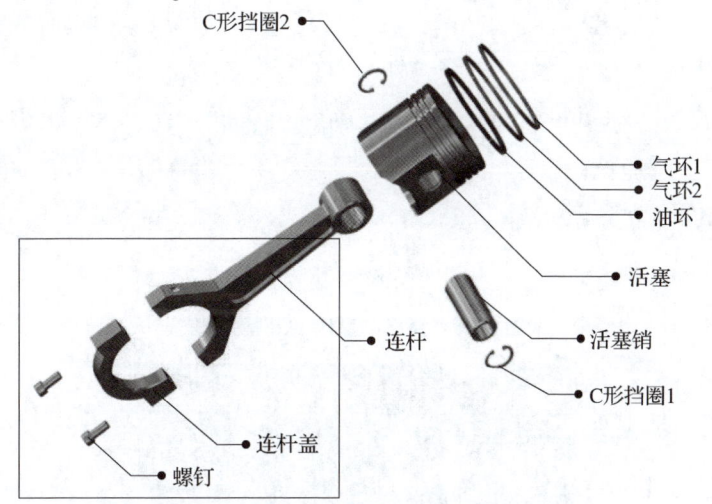

图 6-3 活塞、连杆与盖板的装配关系示意图

图 6-4 活塞、连杆与盖板的装配流程

2）分析奖杯与底座的装配工艺

在智能总装单元的产品装配工位 2 可完成奖杯与底座的装配（见图 6-5），装配的工艺流程如图 6-6 所示。

2. 单机模式自动试运行

1）自动运行前的准备

（1）确保所有设备开机、气源打开。

（2）查看快换工具、电机盖等放置位置、方向是否正确。

（3）检查螺丝供料机构上面的螺丝数量（见图 6-7）是否满足此次实训需求，如果不满足，则需要手动增加数量。

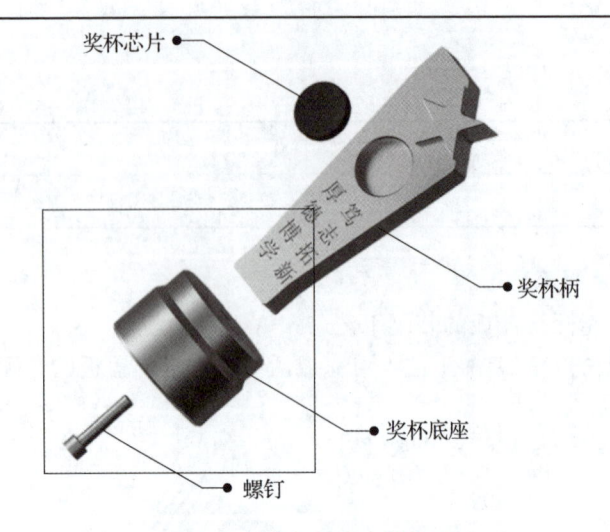

图 6-5 奖杯与底座的装配

图 6-6 奖杯与底座的装配流程

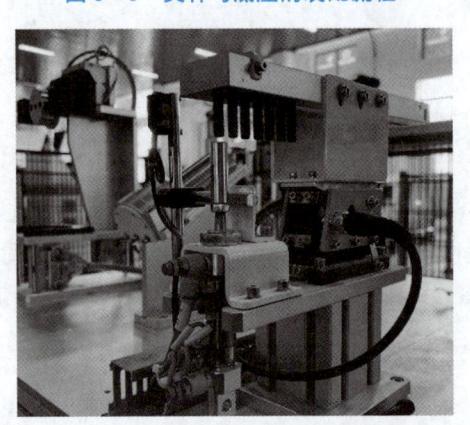

图 6-7 螺丝供料机构

（4）检查盖板供料机构上的盖板数量（见图 6-8）是否满足此次实训需求，如果不满足，则需要手动增加数量。

2）自动试运行

（1）工业机器人设置为自动运行状态，速度设置为 20%，按下操作面板的"自动启动"按钮，三色灯绿灯闪烁。

（2）将装配加工的零部件放置于托盘上的指定位置，等待机器人抓取。图 6-9 所示为放置在托盘指定位置的活塞连杆零部件。

图 6-10 所示为放置于托盘指定位置的奖杯零部件。

图 6-8　盖板供料机构

图 6-9　托盘上放置活塞连杆零部件

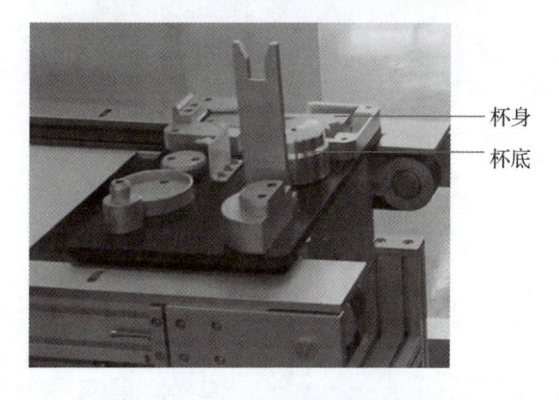

杯身
杯底

图 6-10　托盘上放置奖杯零部件

（3）在触摸屏交互页的单机模式区域中选择工艺（活塞连杆生产/奖杯生产）后，再单击"模拟小车送料到位"，如图 6-11 所示。

（4）按下工业机器人"自动启动" 1 s，待"机器人 Running"指示灯亮绿灯，自动运行所选工艺的加工流程。

（5）流程运行结束后，放置成品（加工完的）的托盘会自动移出到 AGV 接驳位置。按下交互页的"模拟小车取料到位"按钮，到此完成一次完整流程，复位所有按钮信号。

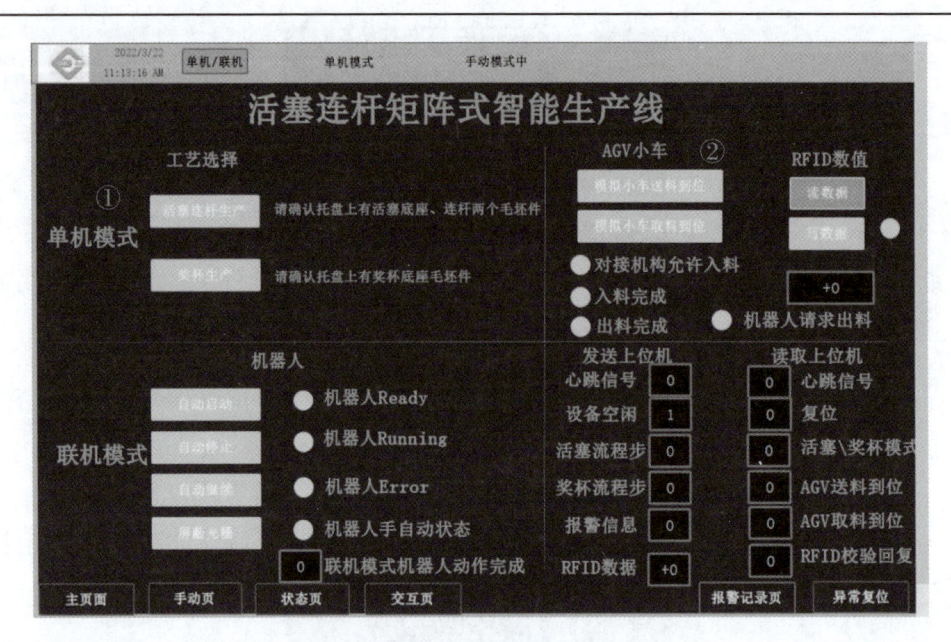

图 6-11　交互页

五、评价反馈

评价项目	配分	序号	评分标准	评分标准	自评	师评
职业素养	20 分	①	遵守操作规程，养成严谨科学的工作态度	缺乏规范扣 5 分		
		②	尊重他人劳动，不窃取他人成果，即独立完成工作任务	缺乏素养扣 5 分		
		③	严格执行 5S 现场管理	不达标扣 5 分		
		④	积极出勤，工作态度良好	不达标扣 5 分		
知识准备	30 分	①	了解智能总装单元的组成及功能	不了解，每错一处扣 1 分，共 5 分		
		②	了解智能总装单元的工艺流程	不了解，每错一处扣 1 分，共 5 分		
		③	了解智能总装单元的通信关系	不了解，每错一处扣 2 分，共 20 分		
任务实施	50 分	①	能正确分析零件的活塞连杆与盖板装配工艺过程	叙述有误，每错一处扣 2 分，共 10 分		
		②	能正确分析零件的奖杯与底座装配工艺过程	叙述有误，每错一处扣 2 分，共 10 分		
		③	能完成活塞连杆生产单机模式自动试运行	能完成活塞连杆生产单机模式自动试运行，得 20 分		
		④	能完成奖杯生产单机模式自动试运行	能完成奖杯生产单机模式自动试运行，得 10 分		

工作任务七

产品的激光打标加工

一、任务目标

按照工单流程，对质检打标单元工业机器人系统、激光打标机和触摸屏联调操作，最终完成质检打标的典型应用。

【知识目标】
(1) 了解质检打标单元的组成及功能；
(2) 了解质检打标单元的工艺流程；
(3) 了解质检打标单元的通信关系。

【能力目标】
(1) 能正确分析活塞连杆成品的质检与打标工艺过程；
(2) 能正确分析奖杯的打标工艺过程；
(3) 能完成活塞连杆生产单机模式的自动试运行；
(4) 能完成奖杯生产单机模式的自动试运行。

【素养目标】
(1) 严格遵守职业规范；
(2) 养成认真仔细的工作态度；
(3) 培养安全与环保责任意识。

二、前期准备

1. 技能基础
(1) 具备伺服驱动器的基本操作能力（如参数配置）；
(2) 具备激光打标机的基本操作能力（如焦距设置）；
(3) 具备工业机器人系统的基本操作能力（如示教编程）；
(4) 具备电气设备的基本操作能力（如单元上电）；
(5) 具备相关设备的风险识别及安全操作意识。

2. 仪器设备
仪器设备涉及质检打标单元及末端执行器，见表 7–1。

表 7-1 仪器设备

序号	仪器仪表	图示
1	质检打标单元	
2	末端执行器	

三、信息页

1. 质检打标单元的组成及功能

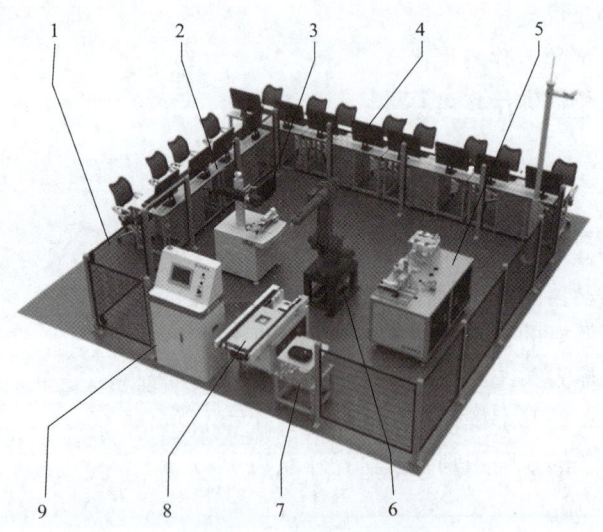

1)质检打标单元的组成

质检打标单元主要包括六轴工业机器人、激光打标单元、活塞连杆产品质检单元、AGV 对接单元（含 RFID）、PLC 控制单元、人机 HMI 单元、单元监控系统、台架及其他配件，如图 7-1 所示。

图 7-1 质检打标单元
1—安全门；2—安全围栏；3—激光打标机；4—学习工位；5—质检工作台；6—工业机器人；
7—机器人控制柜；8—AGV 对接机构；9—单元操作台

2）质检打标单元的功能

质检打标单元具备 AGV 小车的托盘物料自动接驳功能、活塞连杆产品质检功能、个性化激光打标功能等。质检打标单元作为生产加工最后一道工序的加工单元，主要管控成品质量，并将检测数据上传 MES 系统，满足产品质量追溯需求，同时通过个性化激光打标工序来满足客户定制化生产需求。

2. 质检打标单元的工艺流程

（1）AGV 将放置有产品的托盘送至接驳机构，经由 RFID 读写器读取托盘信息。

（2）工业机器人从托盘上将产品抓取并放至质检工作台的检测机构，对活塞连杆产品进行检测。

（3）检测合格后的产品由工业机器人放至激光打标机处进行打标。

（4）打标完成后，工业机器人将成品产品放入托盘，再经由接驳机构将托盘送至 AGV 上，AGV 带着托盘行走至下个工位，工艺流程如图 7-2 所示。

图 7-2 质检打标单元的工艺流程

3. 质检打标单元的通信关系

质检打标单元中涉及多种通信协议的使用，以保证各个模块之间数据通信的传输，具体见表 7-2。

表 7-2 质检打标单元设备通信参数

序号	区域	设备名称	IP 地址	通信方式
1	质检打标单元	PLC 1215	192.168.0.80	S7（与主站）
2		KTP 1200 触摸屏	192.168.0.81	PROFINET
3		ABB 1410 机器人	192.168.0.82	PROFINET
4		华太远程 IO 模块	192.168.0.83	PROFINET
5		RFID（4007）	192.168.0.84	Modbus TCP
6		伺服电机	192.168.0.85	PROFINET
7		激光打标机	192.168.0.86	TCP/IP
8		监控	192.168.0.87	TCP/IP

四、工作页

学院		专业	
姓名		学号	

1. 分析零件的质检打标工艺过程

1）分析活塞连杆成品的质检与打标工艺

在质检打标单元，由工业机器人搬运活塞连杆成品完成其质检与打标工艺，活塞连杆成品的质检与打标工艺流程如图 7-3 所示。

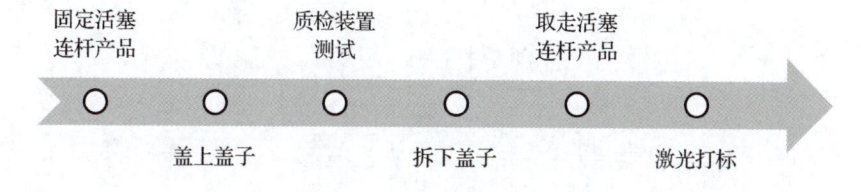

固定活塞连杆产品　　质检装置测试　　取走活塞连杆产品

盖上盖子　　拆下盖子　　激光打标

图 7-3　活塞连杆成品的质检与打标流程

2）分析奖杯打标工艺

在质检打标单元完成奖杯的打标工艺，物料的搬运借助工业机器人完成，奖杯成品的打标流程如图 7-4 所示。

放置奖杯　　打标

奖杯移动至打标位置

图 7-4　奖杯的打标流程

伺服控制与
伺服电机

2. 单机模式自动试运行

1）自动运行前的准备

（1）确保所有设备开机、气源打开。

（2）查看快换工具、电机盖等放置位置、方向是否正确。

（3）检查激光打标机的焦距是否符合产品的打标范围；检查软件是否已经建立通信（见图 7-5）；检查软件中的图案（打标模板，如图 7-6 所示）是否符合本次实训要求。

图 7-5　建立激光打标机通信

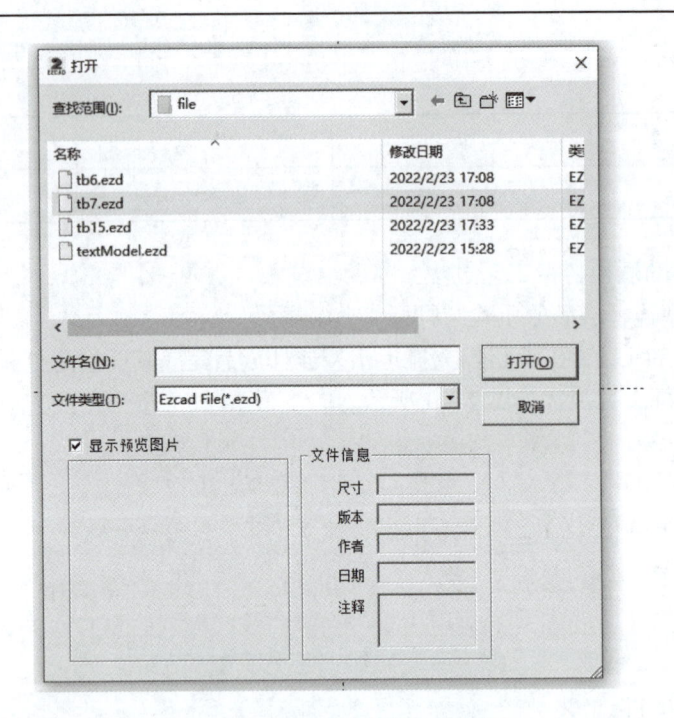

图7-6 打开软件中的打标模板

(4) 检查质检测试机的伺服驱动是否回到原来位置,如图7-7所示。

图7-7 盖板供料机构

2) 自动试运行

(1) 工业机器人设置为自动运行状态,速度设置为20%,按下操作面板的"自动启动"按钮,三色灯绿灯闪烁。

(2) 将活塞连杆产品或奖杯产品放置于托盘上的指定位置,图7-8所示为放置到位的活塞连杆产品。

图 7-8 放置到位的活塞连杆产品

（3）在触摸屏交互页的单机模式区域中选择工艺（活塞连杆生产/奖杯生产），然后再单击"模拟小车送料到位"，如图 7-9 所示。

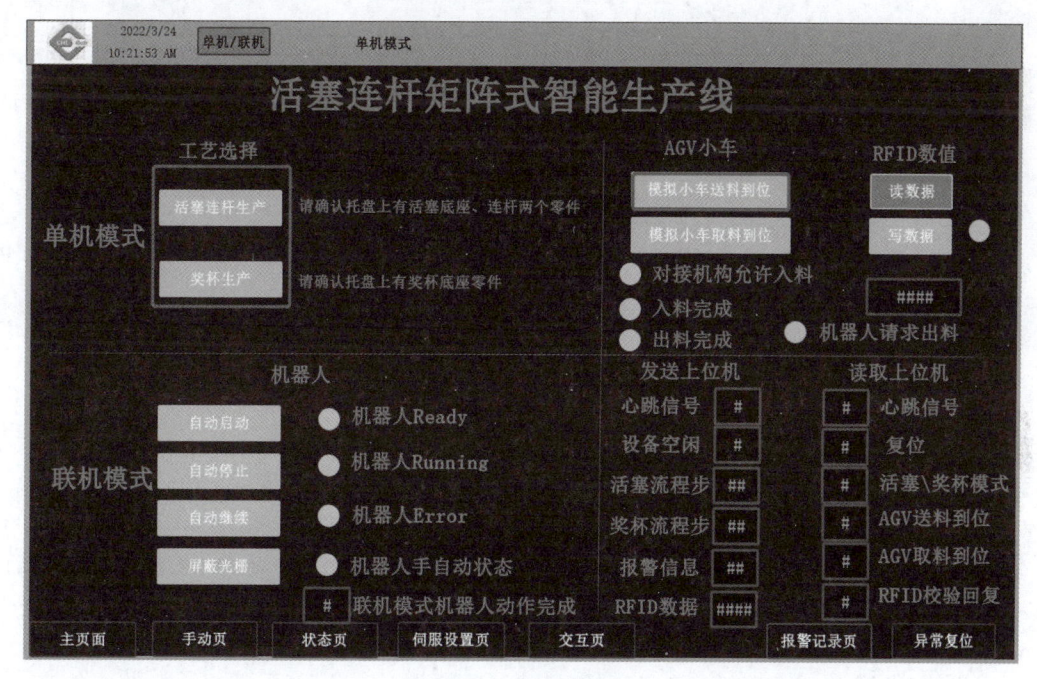

图 7-9 交互页

（4）按下工业机器人"自动启动"1 s，待"机器人 Running"指示灯亮绿灯，自动运行所选工艺的加工流程。

（5）流程运行结束后，放置成品（加工完的）的托盘会自动移出到 AGV 接驳位置。按下交互页的"模拟小车取料到位"按钮，到此完成一次完整流程，复位所有按钮信号。

五、评价反馈

评价项目	配分	序号	评分标准	评分标准	自评	师评
职业素养	20 分	①	遵守操作规程，养成严谨科学的工作态度	缺乏规范扣 5 分		
		②	尊重他人劳动，不窃取他人成果，即独立完成工作任务	缺乏素养扣 5 分		
		③	严格执行 5S 现场管理	不达标扣 5 分		
		④	积极出勤，工作态度良好	不达标扣 5 分		
知识准备	30 分	①	了解质检打标单元的组成及功能	不了解，每错一处扣 1 分，共 5 分		
		②	了解质检打标单元的工艺流程	不了解，每错一处扣 1 分，共 5 分		
		③	了解质检打标单元的通信关系	不了解，每错一处扣 2 分，共 20 分		
任务实施	50 分	①	能正确分析零件活塞连杆成品的质检与打标工艺流程	叙述有误，每错一处扣 2 分，共 10 分		
		②	能正确分析零件奖杯的打标工艺流程	叙述有误，每错一处扣 2 分，共 10 分		
		③	能完成活塞连杆生产单机模式的自动试运行	能完成活塞连杆生产单机模式的自动试运行，得 20 分		
		④	能完成奖杯生产单机模式的自动试运行	能完成奖杯生产单机模式的自动试运行，得 10 分		

工作任务八

基于巷道式货架的智能仓储

一、任务目标

按照工单流程，对智能巷道仓储单元堆垛机以及触摸屏进行操作，最终完成智能巷道仓储单元出库、入库的典型应用。

【知识目标】
(1) 了解质检打标单元的组成及功能；
(2) 了解质检打标单元的工艺流程；
(3) 了解质检打标单元的通信关系。

【能力目标】
(1) 能正确分析活塞连杆成品的质检与打标工艺过程；
(2) 能正确分析奖杯的打标工艺过程；
(3) 能完成活塞连杆生产单机模式的自动试运行；
(4) 能完成奖杯生产单机模式的自动试运行。

【素养目标】
(1) 严格遵守职业规范；
(2) 积极的职业心理品质；
(3) 敏锐的信息技术素养。

二、前期准备

1. 技能基础
(1) 具备智能巷道仓储单元的基本操作能力（如配置伺服参数）；
(2) 具备电气设备的基本操作能力（如单元上电）；
(3) 具备相关设备的风险识别及安全操作意识。

2. 仪器设备
仪器设备涉及智能巷道仓储单元。

三、信息页

1. 智能巷道仓储单元的组成及功能
1) 智能巷道仓储单元的组成
智能巷道仓储单元包括以下子模块：巷道仓储架、巷道堆垛机、AGV 对接机构、仓储管理平台、PLC 控制单元、人机 HMI 单元、单元监控系统、线边学习工位、台架及其他配件，如图 8-1 所示。

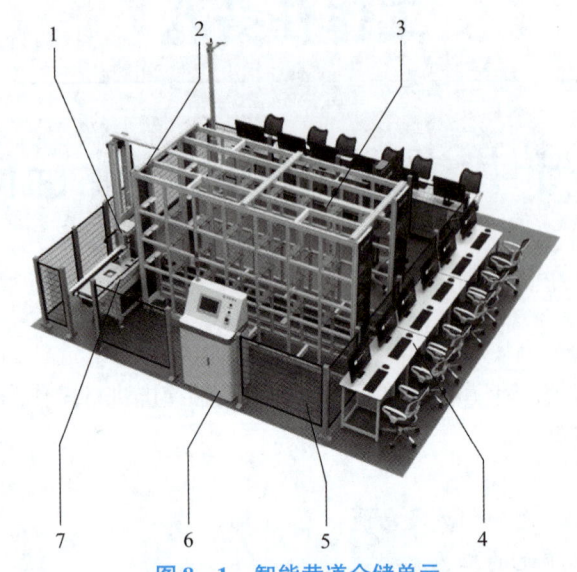

图 8-1 智能巷道仓储单元
1—巷道堆垛机；2—安全门；3—巷道仓货架；4—学习工位；5—安全围栏；
6—单元操作台；7—AGV 对接机构

2）智能巷道仓储单元
整个单元可用于储存毛坯、零件及半成品等，由巷道堆垛机辅助实现存储物料的出、入库。

2. 智能巷道仓储单元的工艺流程

当 MES 系统发出取料指令，由堆巷道堆垛机对相应的储料托盘坐标进行准确定位后，将托盘料件取出并放至 AGV 对接机构上，读取 RFID 电子标签上的信息，其流程如图 8-2 所示。

AGV到位 → 堆垛机取托盘 → 堆垛机放托盘
↓
AGV接走托盘 ← RFID信息读写 ← 伸缩输送机接驳

图 8-2 毛坯料出库的流程

AGV 小车将成品托盘送至 AGV 对接机构，RFID 读写器扫描物料托盘 RFID 标签，获取产品信息（包括产品型号、批次、数量、生产日期等），由堆巷道堆垛机将其放置于对应货架上，并写入相应信息，其流程如图 8-3 所示。

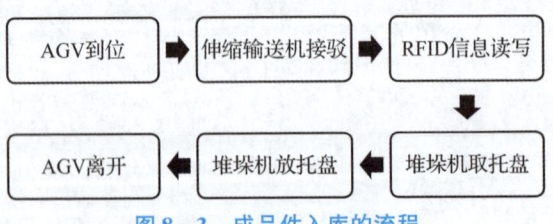

AGV到位 → 伸缩输送机接驳 → RFID信息读写
↓
AGV离开 ← 堆垛机放托盘 ← 堆垛机取托盘

图 8-3 成品件入库的流程

3. 智能巷道仓储单元的通信关系

智能巷道仓储单元中涉及多种通信协议的使用，以保证各个模块之间数据通信的传输，具体见表 8-1，涉及的信号见扫码资源。

表 8-1 智能巷道仓储单元设备通信参数

序号	区域	设备名称	IP 地址	通信方式
1	智能巷道仓储单元	PLC 1215	192.168.0.90	S7（与主站）
2		触摸屏 KTP1200	192.168.0.91	PROFINET
3		X 轴	192.168.0.92	PROFINET
4		Y 轴	192.168.0.93	PROFINET
5		Z 轴	192.168.0.94	PROFINET
6		华太远程模块（对接）	192.168.0.95	PROFINET
7		华太远程模块（料库）	192.168.0.96	PROFINET
8		对接_RFID（4008）	192.168.0.97	TCP/IP
9		监控	192.168.0.98	TCP/IP

四、工作页

学院		专业	
姓名		学号	

1. 三轴堆垛机的位置检查与校准

1）检查 Y、Z、X 轴的位置

(1) 在触摸屏的 Y 轴设置页（见图 8-4）、Z 轴设置页（见图 8-5）、X 轴设置页（见图 8-6）设定速度（最大不可超过 300 mm/s）之后，单击"回原点"完成各轴的回零操作。

注：X、Y、Z 轴回原点的移动路径应无干涉，且建议先回 Y 轴。

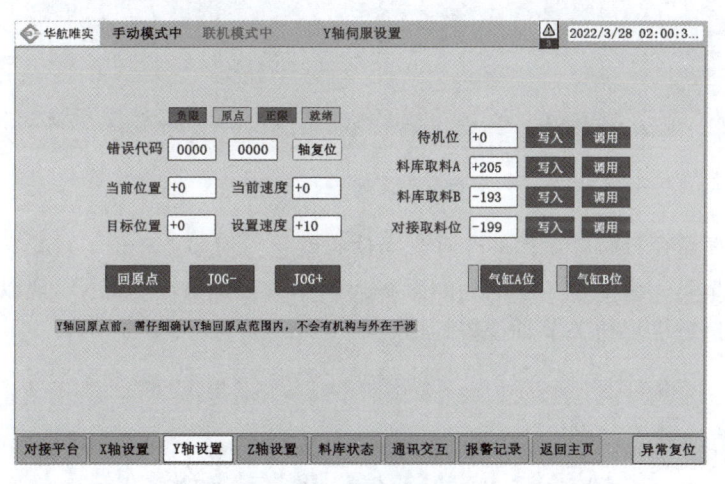

图 8-4 Y 轴设置页

注：Y 轴设置页面的料库取料 A，对应料架的 1 排；料库取料 B，对应料架的 2 排。

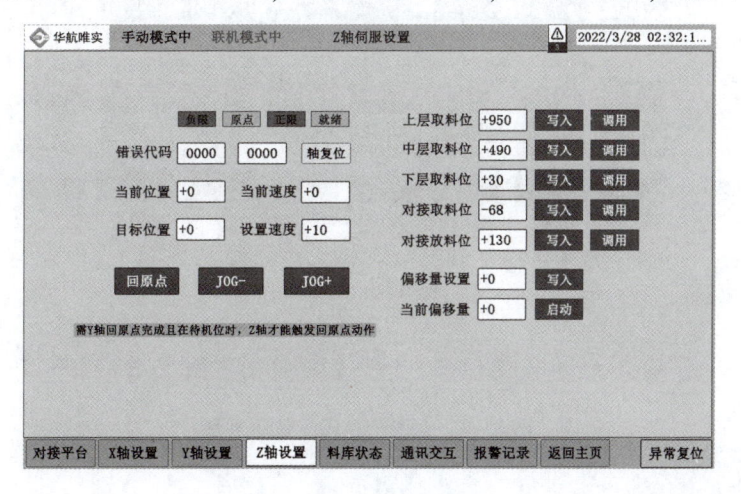

图 8-5 Z 轴设置页

注：Z轴设置页面的上层、中层、下层，分别对应料架的第一行、第二行和第三行。

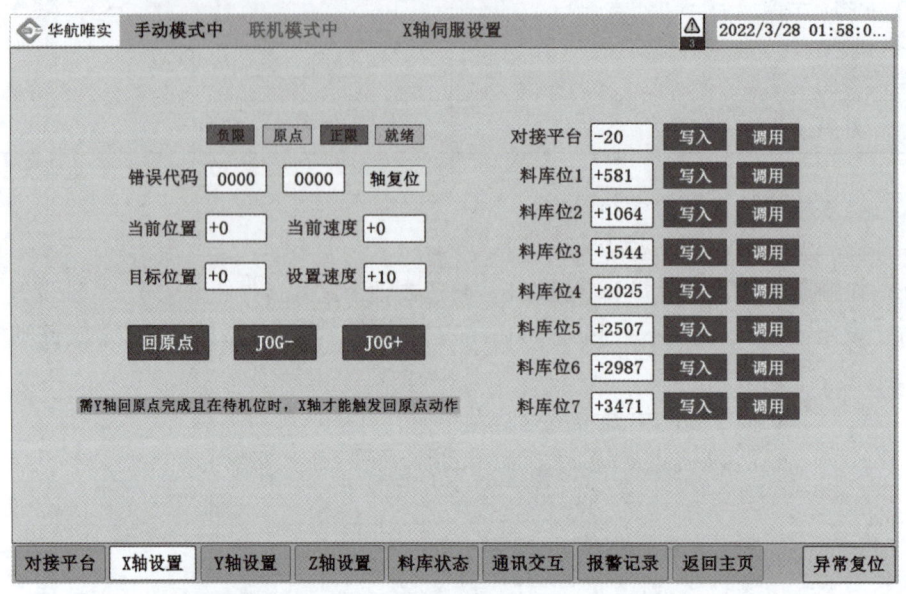

图8-6　X轴设置页

注：X轴设置页面的料库位编号对应库位的列号，例如料库位1对应第1列。

巷道仓货架是一组2排3层7列的库房，其库位如图8-7所示。现以对接平台处取放料位为例，进行堆垛机关节轴位置的检查。

图8-7　巷道货仓架库位示意图

（2）将托盘放至接驳机构上，操作触摸屏对接平台页面（见图8-8）上的"入料启动"，使其输送至巷道仓货架对接取放料极限位置，然后再次单击"入料启动"停止输送电机。

（3）操作触摸屏对接平台页面气缸的控制元件，单击"气缸顶升"，使接驳结构上的托盘升至入库取料点位置。

注：当托盘处于入库取料点位置时，对接平台页面气缸缩回处的指示灯应为绿色。

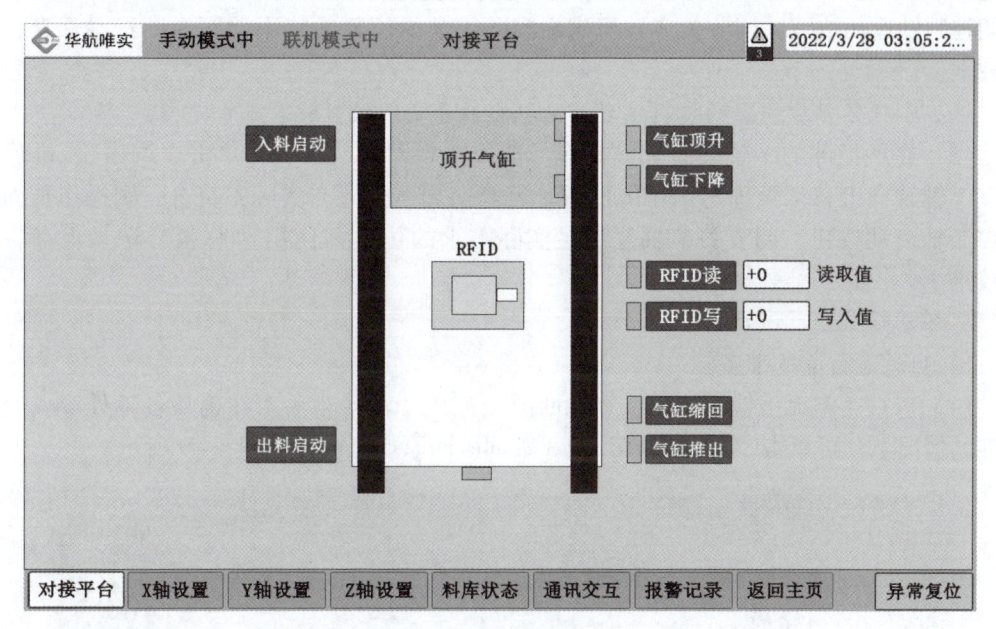

图8-8 对接平台

（4）三轴堆垛机所有轴回零状态下，在 X 轴设置页面中，选择"对接平台"，单击"调用"，使堆垛机 X 轴移动至对接平台取料位；在 Z 轴设置页面中，选择"对接取料位"，单击"调用"，使堆垛机 Z 轴移动至对接平台取料位；在 Y 轴设置页面中，选择"对接取料位"，单击"调用"，使堆垛机 Y 轴移动至对接平台取料位。

（5）单击"气缸B位"，使堆垛机 Y 轴上的气缸朝B位推出托架。

（6）在 Z 轴设置页面中，选择"对接放料位"，单击"调用"，使得堆垛机 Z 轴向上移动至对接放料位；最后在 Y 轴设置页面选择"待机位"，单击"调用"，三轴堆垛机 Y 轴移动到待机位，完成托盘的拾取。

2）校准 Y、Z、X 轴的位置

校准 Y、Z、X 轴的位置是基于检测的流程，通过在 X 轴、Y 轴和 Z 轴设置页面的操作，手动修改写入所有点位的位置数据。

以将物料入库至1排3行3列的库位为例，手动操作堆垛机移动至对应库位完成托盘的放置以及 Y、Z、X 轴位置的校准。

注：校准取/放料位时，堆垛机上不放置托盘，避免发生机械碰撞。

（1）堆垛机在完成托盘拾取后（Y轴处于待机位），在触摸屏的X轴设置页面操作，选择"料库位3"并单击"调用"，堆垛机应在X轴轴向上移动至库房第3列的位置。若当前到达位置与实际不相符，则操作页面上的控制轴运动按钮，调节关节轴至满足实际需求的位置并使用"写入"记录保存，完成校准。

（2）在触摸屏的Z轴设置页面操作，选择"下层取料位"并单击"调用"，堆垛机应在Z轴轴向上移动至库房第3行的位置。若当前到达位置与实际不符合，则操作页面上的控制轴运动按钮，调节关节轴至满足实际需求的位置并使用"写入"记录保存，完成校准。

注：库房Z轴方向上的取料位置，选取略低于货架托盘放置点。

（3）在触摸屏的Y轴设置页面操作，选择"料库取料A"并单击"调用"，堆垛机应在Y轴轴向上移动至库房1排的位置。若当前到达位置与实际不符合，则操作页面上的控制轴运动按钮，调节关节轴至满足实际需求的位置并使用"写入"记录保存，完成校准。

2. 单机模式自动试运行

1）自动运行前的准备

（1）PLC正常无报警，X、Y、Z轴回原点完成。轴就绪后，在确认各轴处于安全无干涉的情况下，可单击"一键回零"使3轴伺服回原点完成，如图8-9所示。

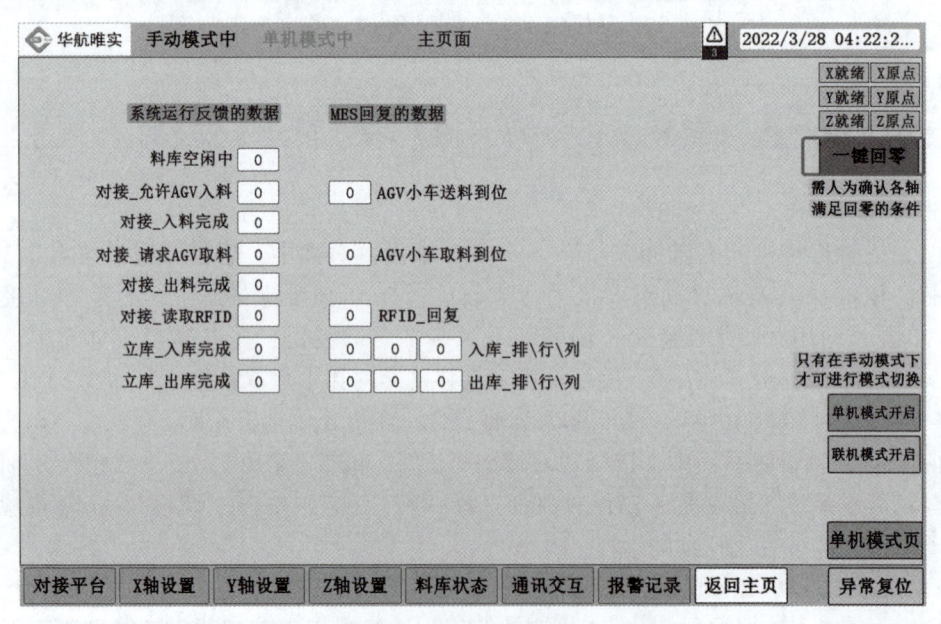

图8-9 一键回零

（2）手动模式下，在主页面单击"单机模式开启"使设备进入单机机模式。

注意：单机/联机模式，只能在设备处于手动状态下才能切换。

（3）按下"自动启动"按钮，使设备进入自动模式中（单机自动模式，三色灯绿灯闪烁）。

2) 入库自动试运行

(1) 手动将托盘放置到对接平台前端入口处, 如图 8-10 所示。

图 8-10　托盘放置

(2) 在"单机模式页"中, 选择入库模式, 查看料库状态, 单击无托盘的库位（灰色）, 系统会自动将该库位的排、行、列填入图 8-11 所示位置, 然后单击"确认入库"按钮。

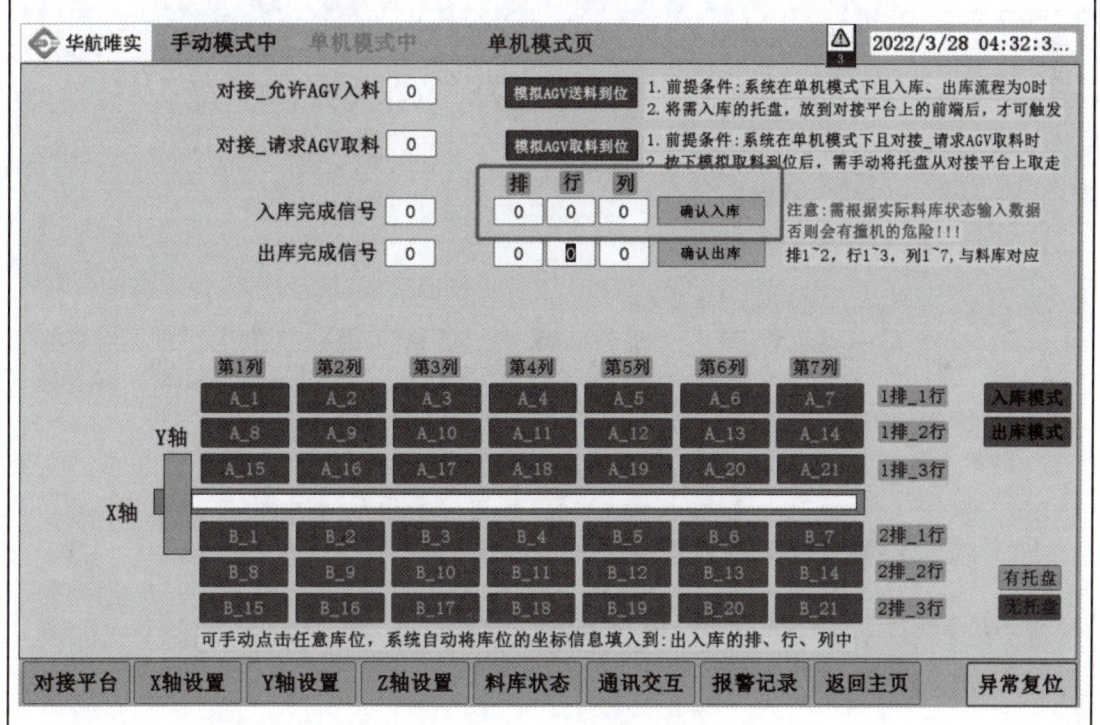

图 8-11　入库

(3) 单击模拟 AGV 送料到位信号, 入库流程启动。
(4) 入库完成, 入库排、行、列数据自动清零, 到此入库流程结束。

3) 出库自动试运行
(1) 检查对接平台, 平台上应无托盘、杂物, 如图 8-12 所示。

图8-12 对接平台状态

（2）选择出库模式，查看料库状态，单击有托盘的库位（绿色），系统会自动将该库位的排、行、列填入图8-13所示位置，然后单击"确认出库"按钮，系统开始出库。

（3）当页面上提示"请求AGV取料"时，手动单击"模拟AGV取料到位"，系统会自动将出库流程清零，出库流程结束。

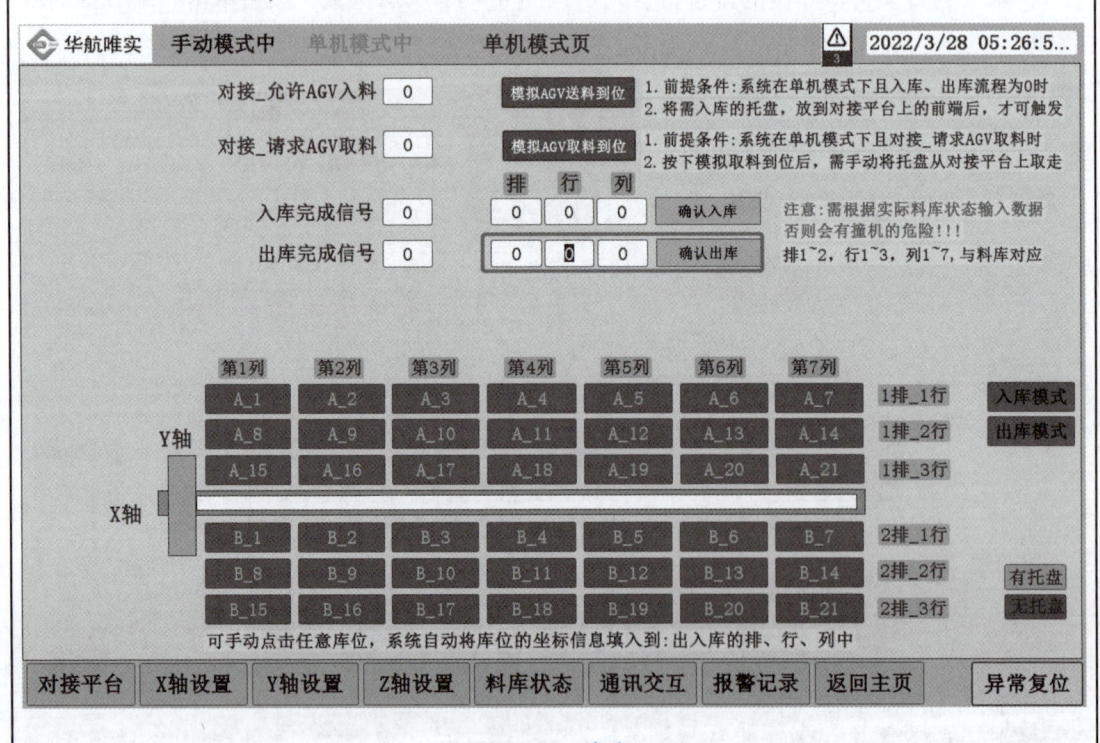

图8-13 出库

五、评价反馈

评价项目	配分	序号	评分标准	评分标准	自评	师评
职业素养	20分	①	遵守操作规程，养成严谨科学的工作态度	缺乏规范扣5分		
		②	尊重他人劳动，不窃取他人成果，即独立完成工作任务	缺乏素养扣5分		
		③	严格执行5S现场管理	不达标扣5分		
		④	积极出勤，工作态度良好	不达标扣5分		
知识准备	30分	①	了解智能巷道仓储单元的组成及功能	不了解，每错一处扣1分，共5分		
		②	了解智能巷道仓储单元的工艺流程	不了解，每错一处扣1分，共5分		
		③	了解智能巷道仓储单元的通信关系	不了解，每错一处扣2分，共20分		
任务实施	50分	①	能正确完成立体库位置的检查	能完成立体库位置的检查，得10分		
		②	能正确完成立体库位置的校准	能完成立体库位置的校准，得20分		
		③	能完成托盘入库单机模式的自动试运行	能完成托盘入库单机模式自动试运行，得10分		
		④	能完成托盘出库单机模式的自动试运行	能完成托盘出库单机模式自动试运行，得10分		

工作任务九

基于环形货架的智能仓储

一、任务目标

按照工单流程,对工业机器人系统、环形仓货架以及触摸屏进行操作,最终完成智能环形仓储单元出库、入库的典型应用。

【知识目标】
(1) 了解智能环形仓储单元的组成及功能;
(2) 了解智能环形仓储单元的工艺流程;
(3) 了解智能环形仓储单元的通信关系;
(4) 了解工业机器人点位及程序的规划。

【能力目标】
(1) 能正确完成工业机器人位置的检查;
(2) 能正确完成工业机器人位置的校准;
(3) 能完成托盘入库单机模式的自动试运行;
(4) 能完成托盘出库单机模式的自动试运行。

【素养目标】
(1) 精益求精的工匠精神;
(2) 与时俱进的创新能力;
(3) 持续主动的学习习惯。

二、前期准备

1. 技能基础
(1) 具备智能环形仓储单元基本操作的能力(如通信配置);
(2) 具备电气设备的基本操作能力(如单元上电);
(3) 具备工业机器人系统的基本操作能力(如开机);
(4) 具备相关设备的风险识别、安全操作意识。

2. 仪器设备
仪器设备涉及智能环形仓储单元。

三、信息页

1. 智能环形仓储单元的组成及功能

1）智能环形仓储单元的组成

智能环形仓储单元包括以下子模块：环形仓货架、工业机器人、AGV 对接机构、仓储管理平台、PLC 控制单元、人机 HMI 单元、单元监控系统、学习工位、台架及其他配件，如图 9-1 所示。

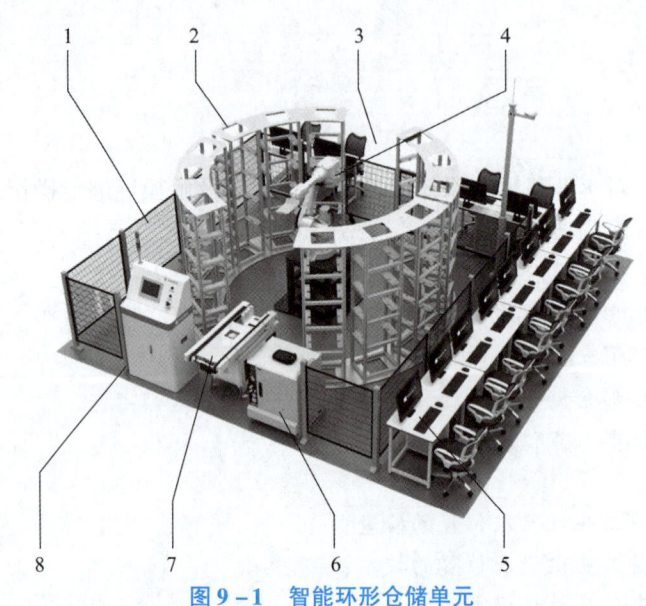

图 9-1 智能环形仓储单元

1—安全围栏；2—环形仓货架；3—安全门；4—工业机器人；5—学习工位；
6—机器人控制柜；7—AGV 对接机构；8—单元操作台

2）智能环形仓储单元的功能

整个单元可用于储存毛坯、零件及半成品等，由工业机器人协助还可实现存储物料的出入库。

2. 智能环形仓储单元的工艺流程

1）入库流程

MES 系统发出取料指令，由机器人对相应的储料托盘坐标进行准确定位后，将托盘料件取出并放至接驳输送机上，并同时将信息修改写入到货架和托盘上的 RFID 电子标签，其流程如图 9-2 所示。

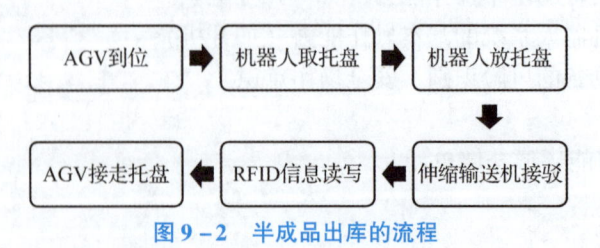

图 9-2 半成品出库的流程

2）出库流程

AGV 小车带成品托盘送至接驳输送机，RFID 读写器扫描物料托盘 RFID 标签，获取产品信息（包括产品型号、批次、数量、生产日期等），由机器人将其放置对应货架上，并写入相应信息，其流程如图 9-3 所示。

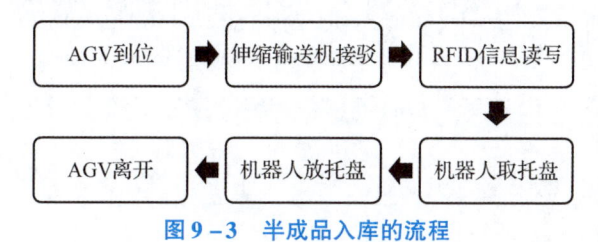

```
AGV到位 → 伸缩输送机接驳 → RFID信息读写
                                    ↓
AGV离开 ← 机器人放托盘 ← 机器人取托盘
```

图 9-3 半成品入库的流程

3. 智能环形仓储单元的通信关系

智能环形仓储单元中涉及多种通信协议的使用，以保证各个模块之间数据通信的传输，具体见表 9-1。

表 9-1 智能环形仓储单元设备通信参数

序号	区域	设备名称	IP 地址	通信方式
1	智能环形仓储单元	PLC 1215	192.168.0.100	S7（与主站）
2		KTP 1200 触摸屏	192.168.0.101	PROFINET
3		ABB 2600 机器人	192.168.0.102	PROFINET
4		华太远程 IO 模块 1	192.168.0.103	PROFINET
5		华太远程 IO 模块 2	192.168.0.104	PROFINET
6		RFID（4009）	192.168.0.1055	Modbus TCP
7		监控 1	192.168.0.106	TCP/IP

4. 工业机器人点位及程序规划

智能仓储单元 2 中的仓储是 2 排 4 层 6 位的环形仓，需要规划好机器人的货架取放点和接驳机构取放点，机器人示教点位见表 9-2。

1）点位规划

表 9-2 机器人示教点位安排

货架取放点	第一层	Area1_1、Area1_2、Area1_3、Area1_4、Area1_5、Area1_6、Area1_7、Area1_8、Area1_9、Area1_10、Area1_11、Area1_12
	第二层	Area2_1、Area2_2、Area2_3、Area2_4、Area2_5、Area2_6、Area2_7、Area2_8、Area2_9、Area2_10、Area2_11、Area2_12
	第三层	Area3_1、Area3_2、Area3_3、Area3_4、Area3_5、Area3_6、Area3_7、Area3_8、Area3_9、Area3_10、Area3_11、Area3_12

续表

货架 取放点	第四层	Area4_1、Area4_2、Area4_3、Area4_4、Area4_5、Area4_6、Area4_7、Area4_8、Area4_9、Area4_10、Area4_11、Area4_12
仓位过渡点（每层共用一个）		Area1_ready、Area2_ready、Area3_ready、Area4_ready、Area5_ready、Area6_ready、Area7_ready、Area8_ready、Area9_ready、Area10_ready、Area11_ready、Area12_ready
接驳机构的取放点		Area_xianti_1
接驳机构的过渡点		Area1_ready

2）程序规划

在主程序中，利用条件判断以及分支语句实现机器人不同的仓位出库和入库操作。

如示例1所示，使用条件分值语句编程，实现不同仓位的出库操作。

示例1：

　　IF CHUKu＝1 THEN！如果"出库"信号为1，则往下执行程序

　　IF GI＜＞0THEN！如果组输入信号GI不等于0，则往下执行程序

　　TPWrite" ChukuMoshi,KU#＝" \Num：＝GI；！写屏

　　ENDIF

　　TEST GI！GI输入组信号的条件分支

　　CASE1：！ GI＝1

　　Get_P_PATH Area1_ready,Area1_1；！则执行第1层第1个仓位的出库路径

　　CASE2：！ GI＝2

　　Get_P_PATH Area2_ready,Area1_2；！则执行第1层第2个仓位的出库路径

　　CASE3：

　　Get_P_PATH Area3_ready,Area1_3；！则执行第1层第3个仓位的出库路径

　　CASE4：

　　Get_P_PATH Area4_ready,Area1_4；！则执行第1层第4个仓位的出库路径

　　CASE5：

　　Get_P_PATH Area5_ready,Area1_5；！则执行第1层第5个仓位的出库路径

　　CASE6：

　　Get_P_PATH Area6_ready,Area1_6；！则执行第1层第6个仓位的出库路径

　　CASE7：

　　Get_P_PATH Area7_ready,Area1_7；

　　CASE8：

　　Get_P_PATH Area8_ready,Area1_8；

　　CASE9：

　　Get_P_PATH Area9_ready,Area1_9；

CASE10：
Get_P_PATH Area10_ready,Area1_10；
CASE11：
Get_P_PATH Area11_ready,Area1_11；
CASE12：
Get_P_PATH Area12_ready,Area1_12；
……
DEFAULT：
ENDTEST
ENDIF

出库路径和入库路径均调用了相关的带参例行程序。出库路径的带参例行程序见示例2。

示例2：
```
PROC Get_P_PATH(jointtargetReady,robtargetpos)！将变量点位代入执行程序段
    MoveAbsJ Ready\NoEOffs,A,z10,tool0；！
    MoveL RelTool(pos,40,0,-500),B,z0,tool0；
    MoveL RelTool(pos,40,0,0),B,fine,tool0；
    MoveL pos,v50,fine,tool0；
    WaitTime0.6；
    MoveL RelTool(pos,-30,0,0),v100,fine,tool0；
    MoveL RelTool(pos,-30,0,-250),C,z0,tool0；
    MoveL RelTool(pos,-30,0,-550),B,z0,tool0；
    MoveAbsJ Ready\NoEOffs,A,fine,tool0；
    MoveAbsJ xianti_ready\NoEOffs,A,z50,tool0；
    Movej RelTool(Area_xianti_1,-30,0,-500),B,z0,tool0；
    MoveL RelTool(Area_xianti_1,-30,0,0),c,fine,tool0；
    MoveL Area_xianti_1,v50,fine,tool0；
    WaitTime0.6；
    MoveL RelTool(Area_xianti_1,20,0,0),v100,fine,tool0；
    MoveL RelTool(Area_xianti_1,20,0,-550),B,fine,tool0；
    MoveAbsJ xianti_ready\NoEOffs,A,fine,tool0；
    SetGO GO,20；
    WaitTime2；
    SetGO GO,0；
    TPWrite"Chuku_finish"；
    WaitTime1；
ENDPROC
```

四、工作页

学院		专业	
姓名		学号	

1. 工业机器人位置检查与校准

1）检查 IRB 2600 关节轴的位置

查阅 IRB 2600 机器人说明书，找到 6 个关节的零点位置，如图 9-4~图 9-6 所示。

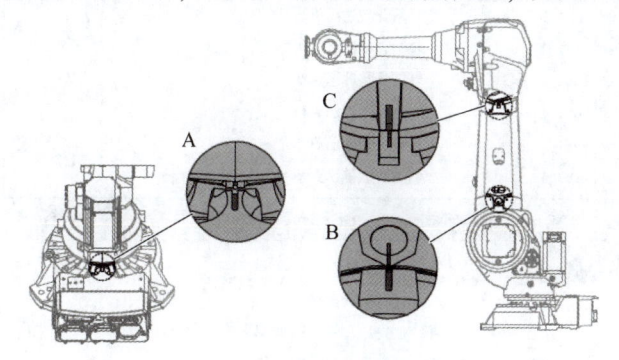

图 9-4　1 轴至 3 轴零点位置

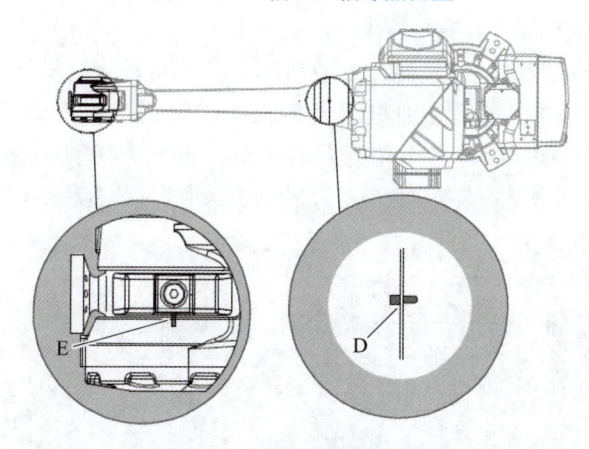

图 9-5　4 轴至 5 轴零点位置

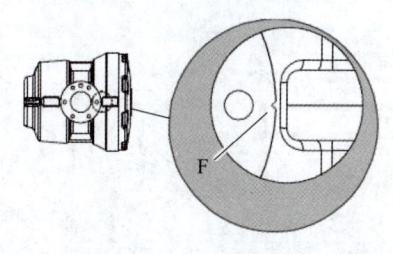

图 9-6　6 轴零点位置

通过手动单轴运动的操纵方式，或使用回零点程序（注意当前位置是否存在干涉），让机器人的各轴回到零位，查看刻度是否对齐。

2）校准 IRB 2600 关节轴的位置

如果零位丢失，则通过手动单轴运动的操纵方式，让机器人的各个轴的刻度对齐，再通过示教器更新转数计数器，如图 9-7 所示。

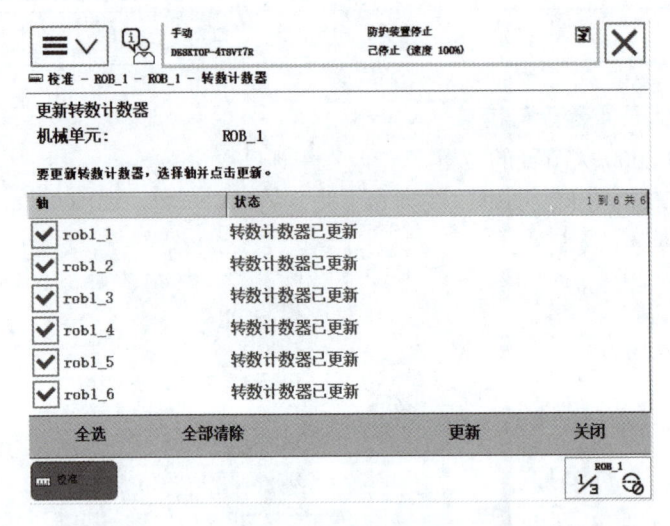

图 9-7　更新转数计数器

2. 单机模式自动试运行

1）自动运行前的准备

（1）确保所有设备开机、开气源、工业机器人处于自动运行模式且在安全位置。

（2）PLC 正常无报警，查看工业机器人各轴回零位置是否准确，然后在智能环形仓储单元触摸屏的状态页面，查看各个传感器的状态，如图 9-8 所示。

注：高亮显示表示当前传感器或按钮状态为 1，白色底表示当前传感器或按钮状态为 0。

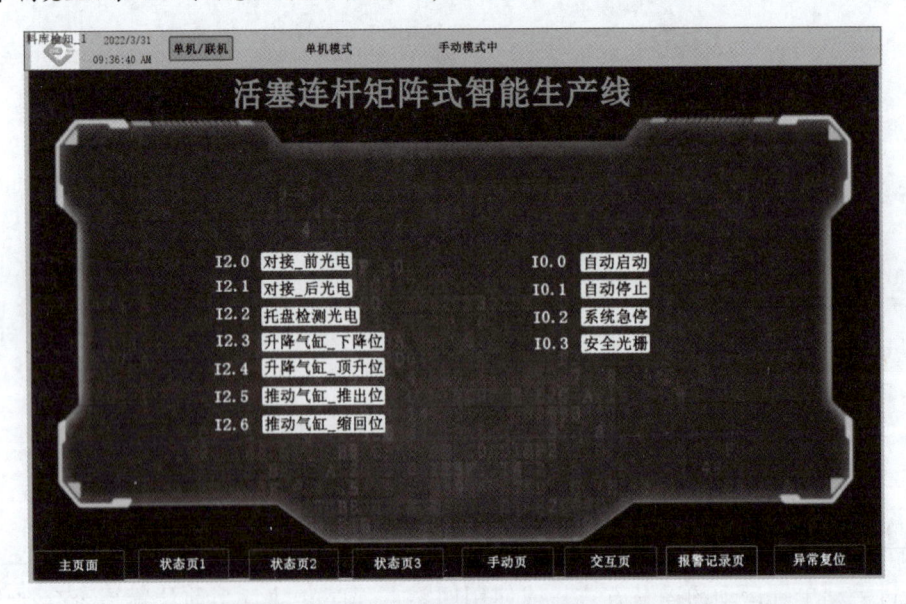

图 9-8　传感器状态页面

（3）查看并确认环形仓库的仓库位中是否有托盘，图9-9所示为左环形仓位状态显示页面。

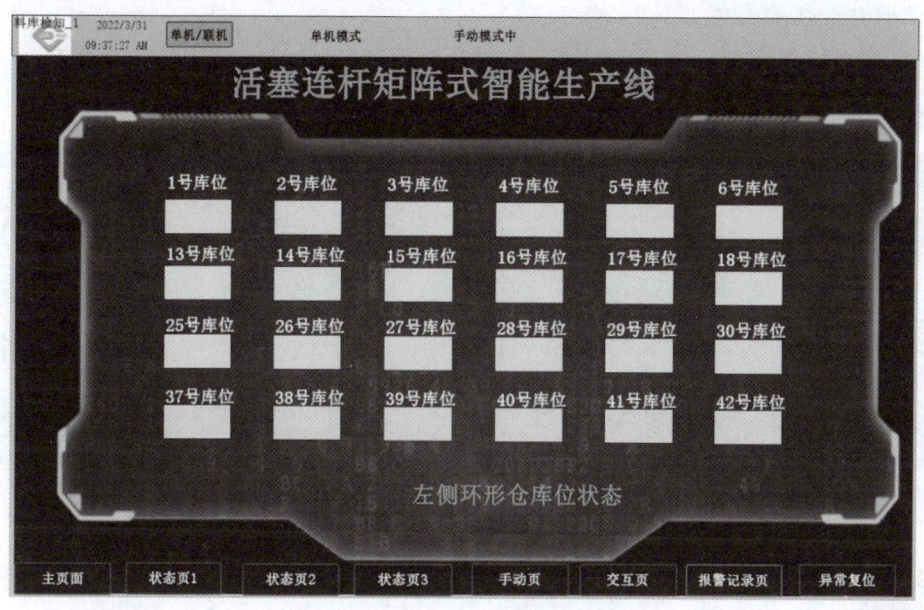

图9-9　左环形仓位状态页面

2）入库自动试运行

（1）按下操作面板的"自动启动"按钮，三色灯绿灯闪烁。

（2）在交互页中的如图9-10所示页面，选择"入库模式"，输入入库的仓号，再单击"模拟小车送料到位"。

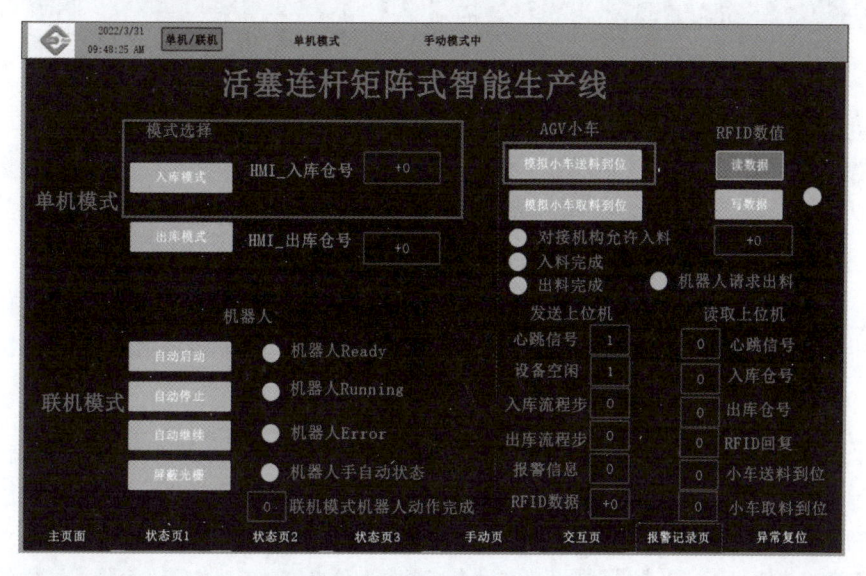

图9-10　交互页面入库操作

（3）手动将托盘放置到对接平台前端入口处，托盘放置如图9-11所示。

(4) 按下工业机器人"自动启动"1 s，待"机器人 Running"指示灯亮绿灯，即可实现将物料入库指定仓库位中。

3) 出库自动试运行

(1) 按下操作面板的"自动启动"按钮，三色灯绿灯闪烁。

(2) 检查对接平台，平台上无托盘和杂物，如图 9 - 12 所示。

图 9 - 11 托盘放置　　　　　　　　图 9 - 12 对接平台状态

(3) 在图 9 - 13 所示的交互页中选择"出库模式"，查看料库状态，输入出库的仓号。

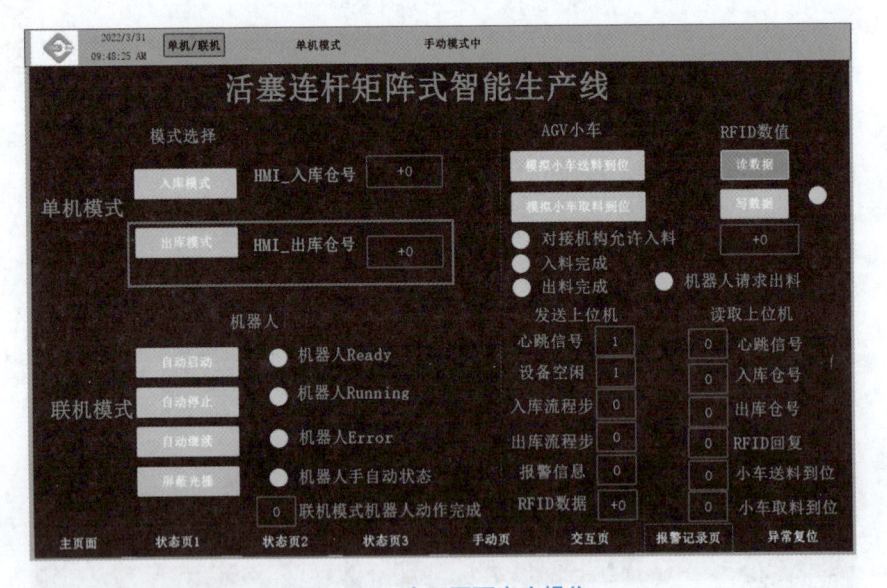

图 9 - 13 交互页面出库操作

(4) 按下工业机器人"自动启动"1 s，待"机器人 Running"指示灯亮绿灯。

(5) 出库完成，按下触摸屏界面的"模拟小车取料到位按钮"，会将托盘输送出来，触摸屏界面的模式和仓位号复位。

注：入库或出库模式，选择的仓号已有托盘在环形仓库位内，则工业机器人会停止运行，工作站蜂鸣器报警，需人工将托盘取走，按触摸屏复位按钮。

五、评价反馈

评价项目	配分	序号	评分标准	评分标准	自评	师评
职业素养	20 分	①	遵守操作规程，养成严谨科学的工作态度	缺乏规范扣 5 分		
		②	尊重他人劳动，不窃取他人成果，即独立完成工作任务	缺乏素养扣 5 分		
		③	严格执行 5S 现场管理	不达标扣 5 分		
		④	积极出勤，工作态度良好	不达标扣 5 分		
知识准备	30 分	①	了解智能环形仓储单元的组成及功能	不了解，每错一处扣 1 分，共 5 分		
		②	了解智能环形仓储单元的工艺流程	不了解，每错一处扣 1 分，共 5 分		
		③	了解智能环形仓储单元的通信关系	不了解，每错一处扣 2 分，共 10 分		
		④	了解工业机器人点位及程序的规划	不了解，每错一处扣 2 分，共 10 分		
任务实施	50 分	①	能正确完成工业机器人位置的检查	能正确完成工业机器人位置的检查，得 20 分		
		②	能正确完成工业机器人位置的校准	能正确完成工业机器人位置的校准，得 10 分		
		③	能完成托盘入库单机模式的自动试运行	能完成托盘入库单机模式自动试运行，得 10 分		
		④	能完成托盘出库单机模式的自动试运行	能完成托盘出库单机模式自动试运行，得 10 分		

工作任务十

生产线的数据采集与监测（MES）

一、任务目标

按照工单流程，完成生产数据中心操作、库房管理中心操作、工艺派工中心操作、生产执行中心操作，最终利用制造执行系统（MES）完成生产线的数据采集与监测。

【知识目标】
(1) 了解制造执行系统；
(2) 了解一般机械加工行业 MES 的功能及 MES 的类别；
(3) 了解管控一体化 MES 系统；
(4) 了解 PQFusion MES 系统操作方法。

【能力目标】
(1) 能正确完成生产数据中心操作；
(2) 能正确完成库房管理中心操作；
(3) 能正确完成工艺派工中心操作；
(4) 能正确完成生产执行中心操作；
(5) 能正确完成信息监控中心操作。

【素养目标】
(1) 精益求精的工匠精神；
(2) 与时俱进的创新能力；
(3) 持续主动的学习习惯。

二、前期准备

1. 技能基础

(1) 掌握智能制造系统加工单元、检测单元、装配单元、质检打标单元、仓储单元等的功能；
(2) 掌握奖杯、活塞连杆等相关的产品加工工艺。

2. 仪器设备

仪器设备涉及中央控制单元，见表 10–1。

表 10-1 仪器设备

序号	仪器仪表	图示
1	中央控制单元	

三、信息页

1. 制造执行系统（MES）

1）定义

制造执行系统（Manufacturing Execution System，MES）是用于工厂生产监控与管理的信息系统，近些年来发展迅猛，进而促进了 IEC/ISO 62264 和 ANSI/ISA-95 国际标准的诞生。MES 强调控制和协调，可实现企业计划层与工厂执行层的双向信息流通，形成完整的公司信息流，提高了工厂活动和生产响应的敏捷性，促进了生产优化，是整个智能制造的整合枢纽。

MES 的定位，是处于规划层和现场自动化系统之间的执行层，对上能与 ERP（企业资源计划）、APS（高级计划与排程）等计划管理层的系统相连接，对下可与生产、仓库、搬运等设备联机，同时也能与 SPC（统计过程管理）、FDC（缺陷分类控制）、APC（先进过程控制）等制造过程管控系统进行统一整合。由于 MES 的居中整合，各个系统的管控命令能下达到设备端，而设备的状态和数据也能传导给各个相关系统，可以帮助企业实现完整的闭环生产，如图 10-1 所示。

2）特征

MES 具备完整的管理模块，涵盖了在制品（WIP）、物料、质量、设备、工具、配方、对外整合界面等各层面，协助企业将整个制造过程制度化，将生产过程、标准操作、用料、模冶具、品检规范等管理制度与制程规范输入系统，在全厂范围内循环利用。MES 同时收集实时的生产数据，一方面能实时查核防错，提升质量；另一方面也能做到跨制程、跨部门、跨区域的信息整合与共享，利于各阶层进行优化调控，提升生产效率。而这些完整的信息，更能协助管理层高效率地做出正确的决策，因此，MES 具有以下 6 大特征。

（1）资源管理标准化。

工厂的人员、设备、物料、工作站等生产资源均可输入系统，同时相关管理制度与流程

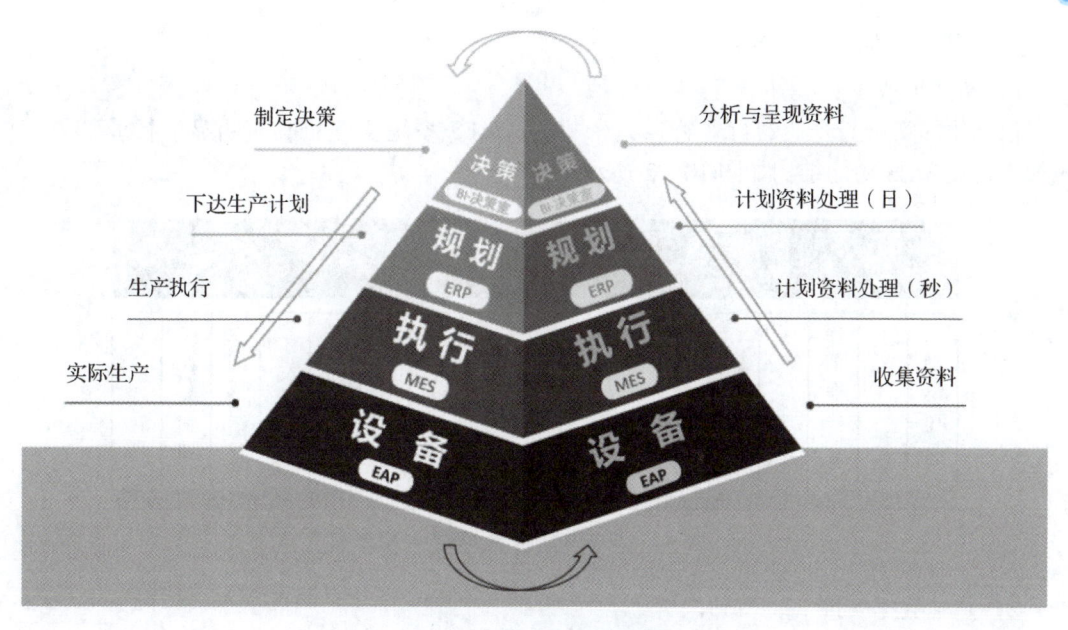

图 10-1　MES 基础构建

规范也可一并输入系统，使生产管理得以标准化、制度化。此外，经由 MES 系统进行的派工操作，可仅在几分钟内完成。同时也可建立不同广告牌群组，方便分线、分区管理。

（2）生产过程管控查核。

在生产过程中，可即时获取管控的在制品（WIP）的动态数据，并协调各工作站进行物料、模具等的防错管理、规格查核与警报，并提供电子操作规程（SOP）、报表和仪表盘。

（3）品质管控。

支持各种品质管理机制，包括首件检验、制程质量管理（IPQC）、出货检验（FQC）等，以保证产品品质。以外，其还可通过设定详细的检验项目及监控重要参数，提供抽样检查或全检功能。

（4）弹性支持生产。

物料管理提供 BOM 核查，将物料与设备绑定，WIP 入站时对比用料是否正确并记录物料批号。在 MES 与设备自动化联机的情况下，可支持弹性生产，由 MES 下载新配方给设备，不需要人员到设备上手动变动配方。

（5）设备状态即时监控。

设备管理在 WIP 入站时，会自动将设备转换为"生产"状态，出站后自动转换为"闲置"；对设备提供设定周期型和计数型两种预防保养计划，同时提供维修结果的登录和查询。

（6）数据交换管理。

可针对企业需求即时查询及跟踪生产状态。收集数据的时间间隔可由 1~3 天缩短到实时采集。当发生异常状况时，警报管理可依照设定，即时发送信息给相关人员，以加速排除异常。发送途径包括：信息推送、E-mail、短信、微信和 Line 等。

MES 具有独特的架构设计，可根据企业本身需求选择所需要的模块；也可依照生产规模与预算，弹性选配初期导入所需的硬件与容量，不需要一次购足大量昂贵的设备。

2. 一般机械加工行业 MES 功能

1）功能组成

信息化的实施与企业的行业特点紧密相关，MES 系统实施更具有明显的行业特点。机械加工行业 MES 功能结构如图 10-2 所示。

```
                                    MES系统
┌────┬────┬────┬────┬────┬────┬────┬────┬────┬────┬────┬────┬────┬────┐
│基础│生产│详细│生产│操作│现场│产品│质量│车间│设备│工装│刀具│劳动│文档│车间│绩效│系统│
│数据│计划│作业│分派│管理│数据│跟踪│管理│物料│管理│管理│管理│力管│管理│成本│管理│管理│
│管理│管理│调度│管理│    │采集│管理│    │管理│    │    │    │理  │    │管理│    │    │
```

图 10-2　机械加工行业 MES 功能结构

2）基础数据管理

基础数据管理可实现系统运行所必需的基础配置和公用基础数据的管理。采用系统内置独立模块或与外部接口，对组织结构、物料字典信息、产品数据、工艺数据、工厂日历、加工中心数据进行维护管理，避免数据重复，减少冗余，为业务系统提供基础数据。基础数据管理应包括公共数据管理、资源管理、物料数据管理、产品数据管理、工艺数据管理功能构件。基础数据管理功能结构如图 10-3 所示。

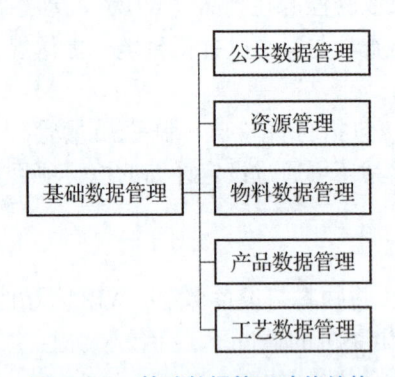

```
                    ┌─── 公共数据管理
                    │
                    ├─── 资源管理
                    │
    基础数据管理 ───┼─── 物料数据管理
                    │
                    ├─── 产品数据管理
                    │
                    └─── 工艺数据管理
```

图 10-3　基础数据管理功能结构

3）生产计划管理

生产计划管理负责车间产成品计划的编制，在对订单以及车间产成品计划内容进行明确时，应考虑批次、设备、人员等约束，为详细作业调度提供支持。

生产计划管理应包括订单管理、车间主计划制订、生产组批次管理、生产准备管理、订单跟踪功能构件。生产计划管理功能结构如图 10-4 所示。

4）详细作业调度

详细作业调度负责车间作业计划的编制，在编制计划时，应考虑车间生产能力以及批次、设备、人员等约束，从微观和执行角度来对作业计划内容进行明确，帮助生产调度人员快速、合理调整作业计划，达到提高生产效率、节约生产资源的目的。

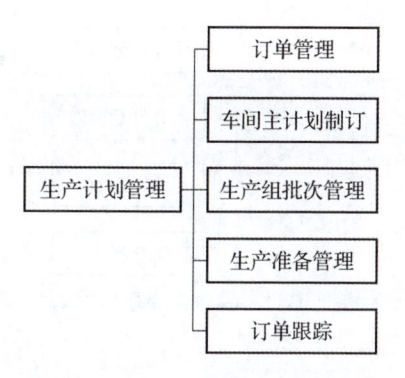

工作任务十 生产线的数据采集与监测（MES）

图 10-4 生产计划管理功能结构

详细作业调度应包括作业计划创建、作业计划排程、物料齐套检查功能构件。详细作业调度功能结构如图 10-5 所示。

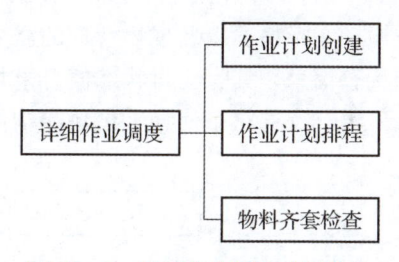

图 10-5 详细作业调度功能结构

5）生产分派管理

生产分派管理负责车间流转卡的生成及维护，安排人员、设备、工装、刀具、物料，帮助生产人员下发任务，形成任务指令单（工单）、领料单等生产单据，满足现场生产管理需要。

生产分派管理应包括工序流转卡管理、工票管理、领料单管理功能构件。生产分派管理功能结构如图 10-6 所示。

生产计划的下发与派工

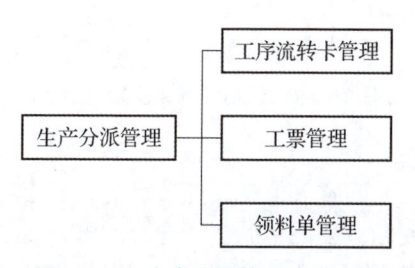

图 10-6 生产分派管理功能结构

6）操作管理

操作管理应能反映车间的生产完成情况，能对关键操作环节进行监控防错，并能对管理操作日志，方便对车间现场工人的操作进行协助及指导支持，提高车间现场效率。

详细作业调度应包括作业计划执行、作业计划跟踪、防错预警、工作日志功能构件。操作管理功能结构如图 10-7 所示。

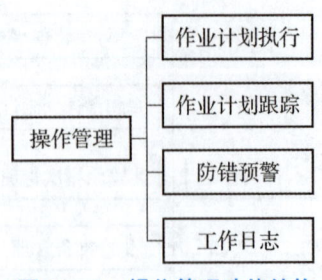

图 10-7　操作管理功能结构

7）现场数据采集

现场数据采集应为系统提供现场人、机、料、法、环各方面的实际动态，为系统其他业务模块提供现场数据来源。采集的现场数据不仅方便计划调度员及时发现生产异常，做出生产调整，而且能够方便质量员做质量追溯和生产过程分析。现场数据采集可以采用多种方式实现，比如手工方式、条码采集、RFID 方式，以及 DNC、CNC 等自动与底层的 PCS 层系统集成方式等，采用方式应结合现场实际情况以及现场管理的需要进行针对性的选择。

现场数据采集应包括生产状态信息采集、物料状态信息采集、资源状态信息采集、质量状态信息采集、人员状态信息采集、工艺状态信息采集功能构件。现场数据采集功能结构如图 10-8 所示。

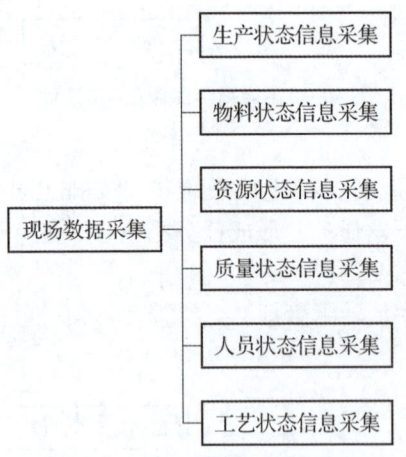

图 10-8　现场数据采集功能结构

8）产品跟踪管理

对制造生产中使用到的全部或者关键零部件信息进行动态跟踪与管理，结合现场数据采集功能模块采集的现场实际数据，掌握产品生产涉及的整个全生命周期的信息，对了解物料所涉及的物料履历、生产动态跟踪、产品追溯发挥积极作用。产品跟踪管理的对象包括原料的投入、产出，位置的变动，规格数量的变化以及物料权属的变更等信息。产品跟踪管理功能结构如图 10-9 所示。

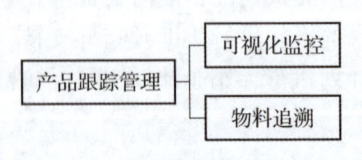

图 10-9　产品跟踪管理功能结构

9）质量管理

通过对车间生产节点的质量管控，提供符合用户要求的成品，实现从毛坯入车间到成品出车间的全过程质量管理。质量管理包括基础数据管理、质检计划管理、质检派发管理、质检执行管理、质检信息采集、质检跟踪追溯、质检决策分析功能构件。质量管理功能结构如图 10-10 所示。

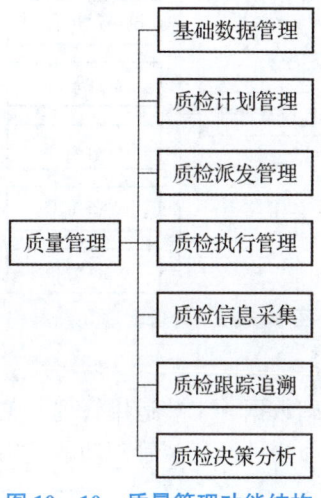

图 10-10　质量管理功能结构

10）车间物料管理

车间物料管理应能对车间库房物料以及生产过程中在制品活动进行管理，实现从毛坯、外协外购件入车间到成品出车间全过程物料的管理。车间物料管理包括基础数据管理、库存作业计划、库存操作管理、库存信息采集、库存物料跟踪、库存决策分析、在制品操作管理、在制品数据采集、在制品跟踪管理和在制品决策分析功能构件。车间物料管理功能结构如图 10-11 所示。

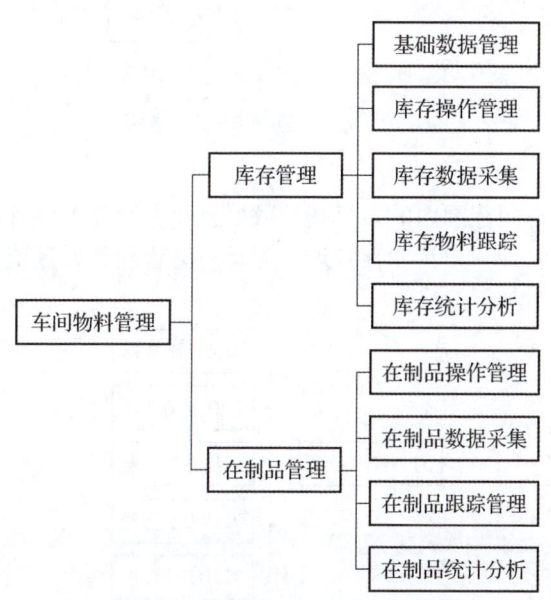

图 10-11　车间物料管理功能结构

11）设备管理

设备管理应包括设备基础信息、设备运用管理、备件管理、设备故障管理、设备维修、统计分析功能构件。设备管理功能结构如图 10 – 12 所示。

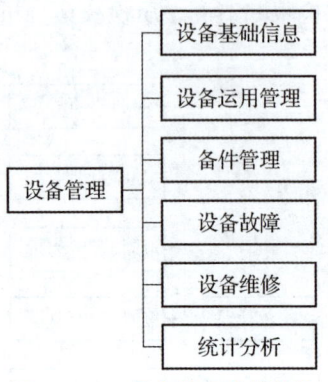

图 10 – 12　设备管理功能结构

12）工装管理

工装管理系统应包括工装基础数据、工装运用管理、工装库存管理、工装检验管理、工装维护管理以及工装统计分析功能构件。工装管理功能结构如图 10 – 13 所示。

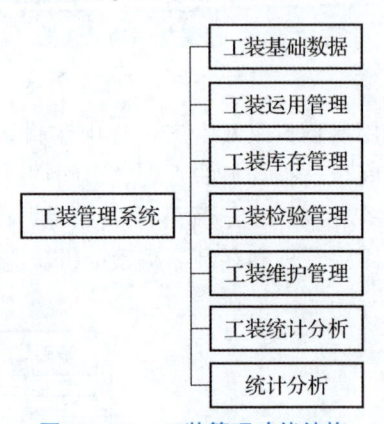

图 10 – 13　工装管理功能结构

13）刀具管理

刀具管理应能对在车间范围内的刀具基础数据及业务过程提供管理。刀具管理应包括刀具基础数据、刀具运用管理、刀具库存管理、刀具刃磨管理和刀具统计分析功能构件。刀具管理功能结构如图 10 – 14 所示。

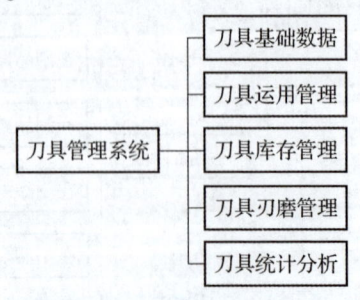

图 10 – 14　刀具管理功能结构

14）劳动力管理

劳动力管理应能结合人员基础信息、生产过程中人力使用状况及考勤状况，实现对人力资源的有效管理，满足对车间劳动力的动态了解和管理需求。

劳动力管理应包括基础数据、车间考勤管理、车间工资管理、人事变动管理及劳动力统计分析功能构件。劳动力管理功能结构如图 10-15 所示。

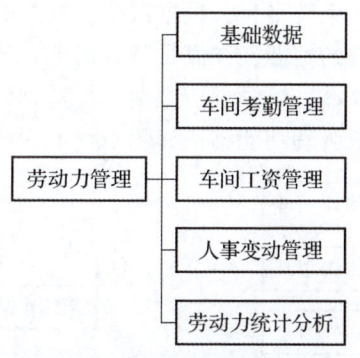

图 10-15　劳动力管理功能结构

15）文档管理

管理与生产过程相关联的图形、记录以及报表等文档资料，包括工作说明、图纸、工艺文件、加工程序、批次记录、工程更改说明以及交接班现场记录等，这些资料以电子文档的形式存在。文档管理通过管理这些电子文档资料，实现有效资料共享，提高现场获取和查阅文档的能力，达到提高生产管理效率的目的。

文档管理应包括文档获取和文档浏览功能构件。文件管理功能结构如图 10-16 所示。

图 10-16　文档管理功能结构

16）车间成本管理

车间成本管理应能对在生产过程中所消耗的成本项目进行核算汇总，提供车间管理者和企业决策者产品成本及车间成本的参考建议。车间成本管理应包括成本基础数据、成本费用维护、成本计算管理、成本统计分析功能构件。车间管理功能结构如图 10-17 所示。

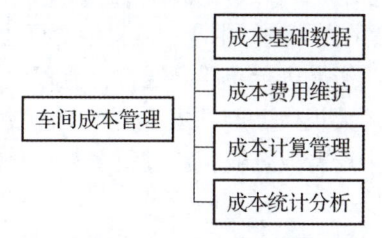

图 10-17　车间成本管理功能结构

17）绩效管理

汇总并整合生产、质量、设备/工装/刀具、库存等制造运行数据，与历史数据和预期结果进行比较，提供分析报告和性能评价报告。

绩效管理应包括生产绩效管理、质量绩效管理、库存绩效管理和维护绩效管理功能构件。绩效管理功能结构如图 10-18 所示。

18）系统基础数据管理

系统管理包含两方面内容，一方面系统平台为管理员提供用户赋权相关功能集合；另一方面用户通过有效身份识别进入系统平台，根据系统设置的安全规则或者安全策略，用户可以访问而且只能访问自己被授权的资源，在满足各级角色人员对系统功能要求的前提下，保证系统使用的安全和数据的可靠。系统管理应包括系统基础数据、用户权限配置、人员认证管理、日志管理功能构件。系统管理功能结构如图 10-19 所示。

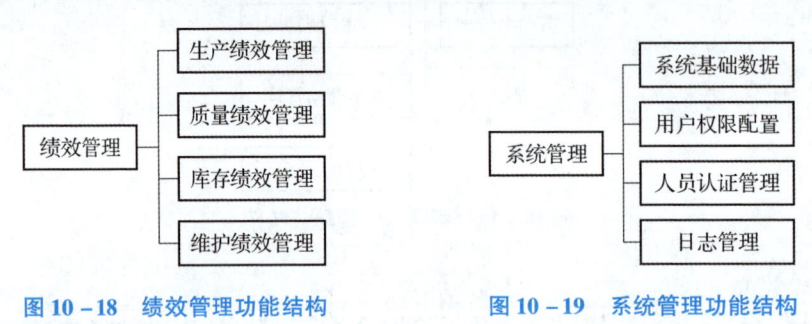

图 10-18　绩效管理功能结构　　　　图 10-19　系统管理功能结构

3. MES 的类别

1）离散型 MES

离散工业主要是通过对原材料物理形状的改变、组装，成为产品，使其增值。离散制造企业的产品结构可以用"树"的概念进行描述——其最终产品一定是由固定个数的零件或部件组成，这些关系非常明确并且固定。

离散制造业企业由于是离散加工，故产品的质量和生产率在很大程度上依赖于工人的技术水平。离散制造业企业自动化主要在单元级，例如数控机床、柔性制造系统。因此，离散制造业企业一般是人员密集型企业，自动化水平相对较低。

在离散行业的 MES 中，将作业计划调度结果下达给操作人员的方式一般采用派工单、施工单等书面方式进行通知，或采用电子看板方式让操作人员及时掌握相关工序的生产任务。作业计划的内容包括该工序的开工、完工时间及生产数据等方面。

2）流程型 MES

流程生产行业，主要是通过对原材料进行混合、分离、粉碎、加热等物理或化学方法，使原材料增值，通常以批量或连续的方式进行生产。流程生产行业企业的特点是品种固定，批量大，生产设备投资高，而且按照产品进行布置。通常，流程生产行业企业设备是专用的。

流程生产行业企业大多采用大规模生产方式，生产工艺技术及控制生产工艺条件的自动化设备比较成熟。因此，流程生产行业企业生产过程多数是自动化的，生产车间人员的主要工作是管理、监视和设备检修。

流程生产行业企业的产品，是以流水生产线方式组织、连续的生产方式，只存在连续的工艺流程，不存在与离散企业对应的严格的工艺路线。因此，在作业计划调度方面，不需要也无法精确到工序级别，而是以整个流水生产线为单元进行调度。从作业计划的作用和实现上，其比离散企业相对简单。

4. 管控一体化 MES 系统

1）简介

《管控一体化 MES 系统》简称 PQFusion MES，它全面整合了生产现场制造资源，能够通过信息传递对从订单下达到产品完成的整个生产过程进行数字化管理；整合了数字化车间计划层和控制层之间的间隔，是制造过程信息集成的纽带。其主要功能结构包括：系统管理中心、数据配置中心、工艺派工中心、生产执行中心、库房管理中心、设备管理中心、信息监控中心等功能模块。

2）运行环境

管控一体化 MES 系统的运行环境见表 10-2。

表 10-2 管控一体化 MES 系统的运行环境

硬件环境	
客户端 台式机	CPU：酷睿 i3 第 5 代或以上； 内存：8 GB 或以上 硬盘：100 GB 或以上
软件环境	
客户端	支持 Windows 7 及以上 64 位操作系统； 浏览器支持：谷歌浏览器、火狐浏览器等主流浏览器

3）系统登录/退出

PQFusion MES 采用 B/S 架构，通过浏览器（默认谷歌浏览器）输入指定 IP 地址和服务端口访问。

在登录界面输入用户名、密码，单击"立即登录"按钮进入 MES 系统。默认支持记住登录账号和自动登录功能。退出系统，单击系统首页面右上角，用户选择退出登录，如图 10-20 所示。

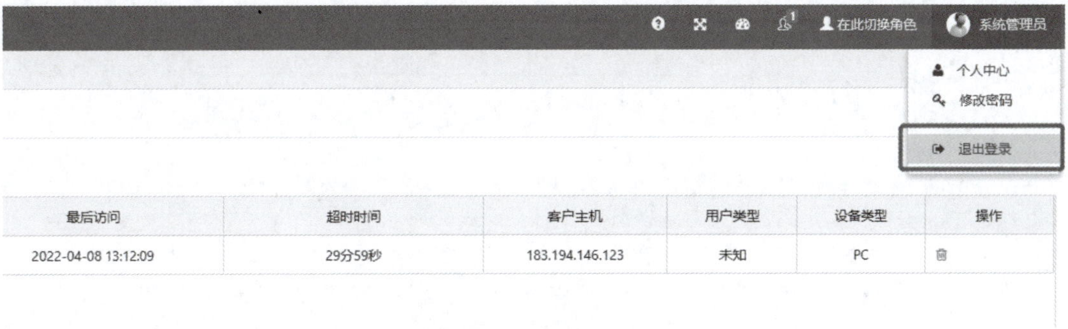

图 10-20 退出登录

四、工作页

学院		专业	
姓名		学号	

1. 生产数据中心操作

通过生产主管的权限，可对物料信息、库房库位、班组管理、编组设备、加工单元、工序信息进行定义。

1) 定义物料信息

根据表10－3中的物料名称、物料类别、材质等定义好物料信息。

表10－3　物料信息

物料名称	物料类别	材质
活塞毛料	原材料	铝
连杆毛料	原材料	铝
杯底毛料	原材料	铝
杯身毛料	原材料	铝
活塞	产品	铝
连杆	产品	铝
活塞连杆（加工不组装）	产品	铝
活塞连杆（组装不打标）	产品	铝
活塞连杆（组装并打标）	产品	铝
活塞连杆（并列加工＆组装＆打标）	产品	铝
活塞连杆（仅打标）	产品	铝
杯底	产品	铝
杯身	产品	铝
奖杯（加工不组装）	产品	铝
奖杯（组装不打标）	产品	铝
奖杯（组装并打标）	产品	铝
奖杯（仅打标）	产品	铝
奖杯（并列加工＆组装＆打标）	产品	铝

2）定义库房管理

根据表10-4中的库房类型、仓位等信息定义好库房管理。

表10-4　库房信息

库房名称	库房类别	组	排	层	列
立体库	原材料库	1	2	3	7
环形仓	成品库	1	1	4	12

3）定义班组

根据表10-5中的班组代码、班组名称、班组描述等信息定义班组。

表10-5　班组员工信息

班组代码	班组名称	班组描述
MP	毛坯处理	人工粗检毛坯并入库
ZP1	油环、卡环上料	装配区活塞、油环、卡环补充
ZP2	螺钉上料	装配区奖杯、活塞连接螺钉补充

4）定义编组设备

根据表10-6中的编组代码、编组名称，定义编组设备。

表10-6　编组管理信息

编组代码	编组名称	编组描述
G_SC	生产设备组	机加并组装
G_JJ	机加设备组	数控加工
G_ZZ	组装设备组	装配

5）定义加工单元

根据表10-7中的加工单元代码、加工单元名称、标准产能（小时）、加工单元类型及是否有线边库，定义加工单元。

表10-7　加工单元信息

加工单元代码	加工单元名称	标准产能/h	加工单元类型	是否有线边库
JGDY001	零件加工单元	8	设备作业单元	否
JGDY002	成品组装单元	8	设备作业单元	否
JGDY003	加工组装单元	8	设备作业单元	否

6) 定义工序信息

根据表 10-8 中的工序编号、工序名称、加工单元名称、工序工时、制造周期、加工单元类型、备注信息，定义加工单元。

表 10-8 工序信息

工序名称	加工单元名称	工序工时/h	制造周期/h	加工单元类型	备注信息
活塞加工	零件加工单元	2	4	设备作业单元	4-1-2-6-4 或 4-1-2-6-5
连杆加工	零件加工单元	2	4	设备作业单元	4-3-6-4 或 4-3-6-5
活塞连杆加工	零件加工单元	4	6	设备作业单元	4-1-2-3-2-6-5
杯底加工	零件加工单元	2	4	设备作业单元	4-1-6-4 或 4-1-6-5
杯身加工	零件加工单元	2	4	设备作业单元	4-3-6-4 或 4-3-6-5
杯身杯底加工	零件加工单元	4	6	设备作业单元	4-3-1-3-6-5
活塞连杆组装（不打标）	成品组装单元	2	4	设备作业单元	5-7-8-5
活塞连杆组装（打标）	成品组装单元	2	4	设备作业单元	5-7-8-5
活塞连杆成品打标	成品组装单元	1	2	设备作业单元	5-9-5
奖杯组装（不打标）	成品组装单元	2	4	设备作业单元	5-7-8-5
奖杯组装（打标）	成品组装单元	2	4	设备作业单元	5-7-8-9-5
奖杯成品打标	成品组装单元	1	2	设备作业单元	5-9-5
活塞连杆加工组装打标	加工组装单元	6	8	设备作业单元	4-1-2-3-2-6-7-8-9-5
杯身杯底加工组装打标	加工组装单元	6	8	设备作业单元	4-3-1-3-6-7-8-9-5

2. 库房管理中心操作

通过生产主管或计划员的权限，可对库房进行手工入库和台账查阅。

1）库存台账查阅

查阅图 10-21，确定本任务中所需的原材料或产品的状态信息，以此为依据，来确定是否进行下一步手工入库操作。

	库房名称	库位编码	物料名称	计量单位	库存状态	批次号	托盘号	物料状态	是否合格	是否打标	备注信息	操作
1	环形仓	KF002-01-01-01-01	杯底	个	可用	20220309	1	成品				⊘
2	环形仓	KF002-01-01-01-01	杯身	个	可用	20220309	1	成品				⊘
3	环形仓	KF002-01-01-01-02	杯底	个	待入库	20220309	2	成品				⊘
4	环形仓	KF002-01-01-01-02	杯身	个	待入库	20220309	2	成品				⊘
5	立体库	KF001-01-01-01-01	杯底毛料	个	占用	20220401	3	原料			立体库1-1-1	
6	立体库	KF001-01-01-01-01	杯身毛料	个	占用	20220401	3	原料			立体库1-1-1	
7	立体库	KF001-01-01-01-02	杯底毛料	个	待入库	20220314		原料			立体库1-1-2	
8	立体库	KF001-01-01-01-02	杯身毛料	个	待入库	20220314		原料			立体库1-1-2	

图 10-21 台账信息

2）手工入库

例如，本实训任务要求加工 1 组活塞连杆零件，而库存台账信息中显示没有活塞毛料和连杆毛料，此时需要手工入库相应的毛料。进入库房管理中心的手工入库界面，选择"活塞连杆毛料（入立体库）"，单击"保存"，再单击"提交入库单"，系统将会自动选择空仓位的编号，刷新网页之后，可从台账查询到刚入库的毛坯信息，如图 10-22 所示。当现场设备完成入库时，"待入库"状态会变成"可用"状态。

9	立体库	KF001-01-01-01-03	活塞毛料	个	待入库	20220411		原料			立体库1-1-3	
10	立体库	KF001-01-01-01-03	连杆毛料	个	待入库	20220411		原料			立体库1-1-3	

图 10-22 毛坯入库信息

3. 工艺派工中心操作

1）生产订单录入

根据任务要求，在产品工艺中选择"活塞连杆（加工不组装）"，选择"正向排产"，选择好开始生产日期，如图 10-23 所示，再单击"提交"。

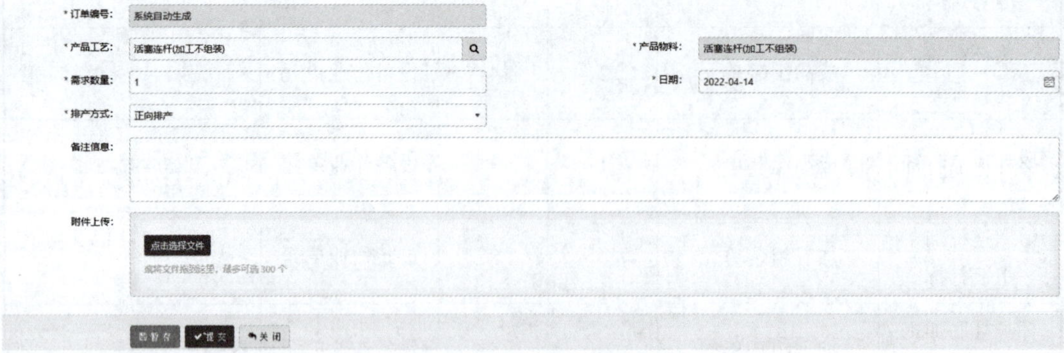

图 10-23 新增订单录入

录入的订单由生产主管进行审批，如图 10-24 所示，生产主管可通过单击"签收"和"同意"，审批生产计划员所提交的订单。最后，单击"运算"，完成生产订单录入的操作。

图 10-24　生产主管审批

2）生产计划下发

勾选"活塞连杆（加工不组装）"，单击"计划下发"，完成生产计划下发的操作。

3）设备作业派工

勾选"活塞连杆（加工不组装）"，单击"设备作业派工"，选择"活塞连杆加工"，完成设备作业派工的操作，如图 10-25 所示。

图 10-25　设备选择

4. 生产执行中心操作

基于本次任务要求，在设备作业中选择"活塞连杆加工"，单击"执行任务"，选择"活塞连杆加工"，完成设备作业的操作，如图 10-26 所示。

图 10-26　设备作业

5. 信息监控中心操作

通过大屏总体监控、立体库仓储看板、设备运行监控 1、设备运行监控 2、设备运行监控 3，对 MES 系统的各项数据进行监控。

五、评价反馈

评价项目	分值	序号	评分标准	评分分值	自评	师评
职业素养	20 分	①	遵守操作规程，养成严谨科学的工作态度	缺乏规范扣 5 分		
		②	尊重他人劳动，不窃取他人成果，即独立完成工作任务	缺乏素养扣 5 分		
		③	严格执行 5S 现场管理	不达标扣 5 分		
		④	积极出勤，工作态度良好	不达标扣 5 分		
知识准备	30 分	①	了解制造执行系统	不了解，每错一处扣 1 分，共 5 分		
		②	了解一般机械加工行业 MES 功能及 MES 的类别	不了解，每错一处扣 1 分，共 10 分		
		③	了解管控一体化 MES 系统	不了解，每错一处扣 1 分，共 5 分		
		④	了解 PQ Fusion MES 系统操作方法	不了解，每错一处扣 2 分，共 10 分		
任务实施	50 分	①	能正确完成生产数据中心操作	能完成生产数据中心操作，得 10 分		
		②	能正确完成库房管理中心操作	能完成库房管理中心操作，得 10 分		
		③	能正确完成工艺派工中心操作	能完成工艺派工中心操作，得 10 分		
		④	能正确完成生产执行中心操作	能完成生产执行中心操作，得 10 分		
		⑤	能正确完成信息监控中心操作	能完成信息监控中心操作，得 10 分		

工作任务十一

AGV 及其调度系统的应用

一、任务目标

按照工单流程，完成服务配置、AGV 配置、客户端登录、任务配置和第三方通信操作，最终完成 AGV 及调度系统操作与应用实训。

【知识目标】
(1) 了解 AGV 相关的知识；
(2) 了解 AGV 二维码导航；
(3) 了解二维码打印方法；
(4) 了解 AGV 调度系统的资源配置方法。

【能力目标】
(1) 能正确完成服务配置；
(2) 能正确完成 AGV 配置；
(3) 能正确完成上线操作；
(4) 能正确完成任务配置；
(5) 能正确完成第三方通信。

【素养目标】
(1) 积极的职业心理品质；
(2) 敏锐的信息技术素养；
(3) 全局的系统性思维。

二、前期准备

1. 技能基础

(1) 掌握智能制造系统加工单元、检测单元、装配单元、质检打标单元、仓储单元等的功能；
(2) 掌握奖杯、活塞连杆等相关的产品加工工艺。

2. 仪器设备

仪器设备涉及中央控制单元和 AGV 小车，见表 11 – 1。

表 11-1　仪器设备

序号	仪器仪表	图示
1	中央控制单元	
2	AGV 小车	

三、信息页

1. AGV 的认知

1）AGV 概述

无人搬运车（Automated Guided Vehicle，AGV），指装备有电磁或光学等自动导引装置，能够沿规定的导引路径行驶，具有安全保护以及各种移载功能，工业应用中不需要驾驶员的搬运车。其以可充电的蓄电池为动力来源，一般可通过电脑来控制行进路线以及行为，或利用电磁轨道（Electromagnetic Path - Following System）来设立其行进路线，电磁轨道粘贴于地板上，无人搬运车则依循电磁轨道所带来的信息进行移动与动作。AGV 以轮式移动为特征，较之步行、爬行或其他非轮式的移动机器人具有行动快捷、工作效率高、结构简单、可控性强、安全性好等优势。与物料输送中常用的其他设备相比，AGV 的活动区域无须铺设轨道、支座架等固定装置，不受场地、道路和空间的限制。因此，在自动化物流系统中，最能充分地体现其自动性和柔性，实现高效、经济、灵活的无人化生产，如图 11-1 所示。

2）AGV 小车工作原理

早期 AGV 小车自动运行时只能单向行驶，因而适用环境受到局限。为了满足工业生产的要求，近年来国外已有在自动运行时能前进和后退甚至全方位行驶、前进、后退、侧向和旋转的 AGV 产品，这些成就归功于行走机构的进步。

工作任务十一　AGV 及其调度系统的应用

图 11 - 1　AGV 应用场景

(1) 两轮差速的行走机构。

这种行走机构两行走驱动车轮对称布置在前后中线上,两支承轮前后分别布置在以两行走轮支点为底边的等腰三角形顶点处,如图 11 - 2 所示。小车靠两侧差速驱动轮转向行走,因此不必设置舵轮。该小车机构简单、工作可靠、成本低,在自动运行状态下,小车能做前进、后退行驶,并能垂直转弯,机动性好。与带舵轮的四轮行走机构小车相比,该车由于省去了舵轮,不仅可以省去两台驾驶马达,还能节省空间,故小车可以做得更小些。近年来这种机构的小车得到广泛应用。为了提高行驶时车体横向稳定性,可将两轮差速的四轮行走机构做以下改进:将支承轮由原来的两个增加到四个,分别布置在小车底盘的四个角处。

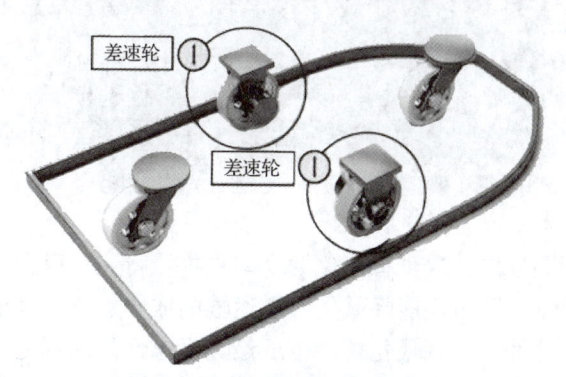

图 11 - 2　两轮差速的行走机构

(2) 三轮行走机构。

三轮行走机构 AGV 小车的三个车轮分别布置在等腰三角形的三个顶点上,前轮既是舵轮又是行走驱动轮,后面两个车轮是无动力支承轮。三轮行走机构的 AGV 小车结构简单、控制容易、工作可靠、造价低。该车手动运行时可前进、后退和转弯,自动运行时只能单向行驶,转弯时后轮中点轨迹偏离导引线轨迹呈曳物线。

(3) 带舵轮的四轮行走机构。

带舵轮的四轮行走机构是在三轮行走机构基础上演变过来的,它相当于把两个三轮车合并在一起,两支承轮对称地布置在小车前后的中线上,前后车轮分别对称布置在以两支承轮支点为底边的等腰三角形顶点处。前后车轮既是舵轮又是行走驱动轮。这种 AGV 小车在自动运行状态下可全方位行驶，转弯时前后车轮均能跟踪导引线轨迹，机动性比三轮车好，适用于狭窄通道的作业环境。

(4) 其他形式的行走机构。

近年来国外公司不断研究出新的行走机构，其中最具有代表性的属瑞典麦卡纳姆公司的行走机构。该行走机构设计新颖、机构紧凑，四个驱动车轮以铰接形式分别布置在底盘的四个角上，运行时分别控制四个车轮的转向和转速，利用速度矢量合成原理实现驾驶。后来日本三井公司与麦卡纳姆公司合作，在原有基础上做了改进，推出了三井麦卡纳姆车轮系统，其性能比原来又有所提高。这种 AGV 小车可实现全方位行驶。

3) RAG 小车和 AGV 小车区别

AGV 指的是自动导引运输车，RGV 指的是有轨制导车辆，如图 11-3 所示。随着智能制造在世界大范围的兴起，物流行业同时也迎来了智能化，其中，AGV 和 RGV 就是自动化物流体系中不可或缺的一分子，因为它们起到关键性的作用。AGV，全称是 Automated Guided Vehicle，指的就是自动导引运输车的意思，这个小车上装有电磁设备，以及自动引导装置，能够根据设定好的路线行驶，同时还具有运输的功能。RGV，全称是 Rail Guided Vehicle，指的是有轨制导车辆，这种类型的小车主要是应用在各类高密度储存方式的立体仓库中，可以自动搬运货物，不需要人工进行操作，提高了仓库储存的效率。

图 11-3　RGV 小车

随着生产技术的不断发展，这种智能化的小车在物流行业中得到了广泛的应用，不仅能够提高生产和运输的效率，同时还能降低生产和运输的成本。总的来说，这种类型的小车发挥着重要的作用，甚至已经成为现代化智能工厂最具标志性的配置之一。

4) AGV 的优点

(1) 自动化程度高。

由计算机、电控设备、激光反射板等控制。当车间某一环节需要辅料时，由工作人员向计算机终端输入相关信息，计算机终端再将信息发送到中央控制室，由专业的技术人员向计算机发出指令，在电控设备的合作下，这一指令最终被 AGV 接受并执行——将辅料送至相应地点。

AGV 的工业应用

(2) 充电自动化。

当 AGV 小车的电量即将耗尽时，它会向系统发出请求指令，请求充电（一般技术人员会事先设置好一个值），在系统允许后自动到充电的地方"排队"充电。另外，AGV 小车的电池寿命和采用电池的类型与技术有关。使用锂电池，其充放电次数到达 500 次时，仍然可以保持 80% 的电能存储。

（3）美观方便。

提高观赏度，从而提高企业的形象。生产车间的 AGV 小车在各个车间穿梭往复，可减少占地面积。

2. AGV 二维码导航

1）工作原理

传感器读取到二维码时，输出传感器中心与二维码中心的距离和偏转角度；通过控制二维码传感器扫描获取到的地面铺设的二维码图像坐标系中的位置，把采集到的二维码图像的位置坐标信息传送给 AGV 控制器；控制器计算图像传感器提供的坐标数据，确定图像在地图上的位置；调度系统给 AGV 小车发送导航路径指令；AGV 小车根据接收到的路径指令，建立局部导航坐标系并计算初始位置；AGV 控制器通过编码器信息反馈量控制轮子转动圈数，使得 AGV 小车依次行驶至导航路径指令序列中的每个二维码图像标签，以完成导航路径指令；到达目的地时扫描目的地二维码确认到达。

2）流程图

AGV 调度流程如图 11-4 所示。激光导航扫描获取物流仓库地图进行编辑导入，并对仓库系统进行环境建模及电子地图设计，根据入/出库的情况进行路径规划，同时利用二维码导航扫描规划路径上的二维码标签位置信息，并确认到达目的地。

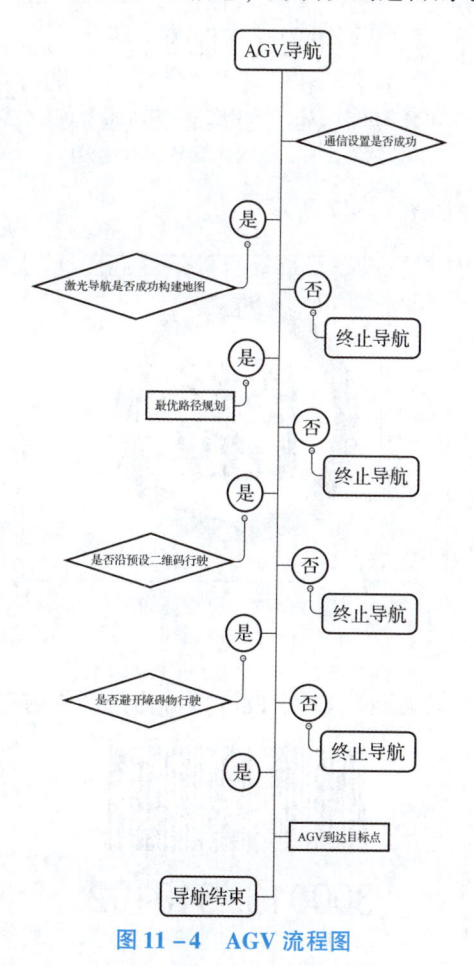

图 11-4 AGV 流程图

3. 二维码打印

1）地码、货码、仓位码说明

（1）地码。

图 11-5 所示为地标二维码，类型为 DataMatrix ECC，黑色外圈为识别过程中的定位范围，周围四条横竖短细线为贴码定位标记线，右下角为二维码内容信息注释。

022000XY066000

图 11-5　地标二维码

图 11-6 所示为二维码内容说明示意图，其字符个数为 18 位，标识位可根据情况自由选定，X、Y 轴数值大小根据实际物理距离确定。

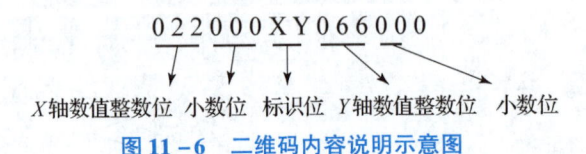

0 2 2 0 0 0 X Y 0 6 6 0 0 0

X 轴数值整数位　小数位　标识位　Y 轴数值整数位　小数位

图 11-6　二维码内容说明示意图

地标二维码的标准尺寸如图 11-7 所示。

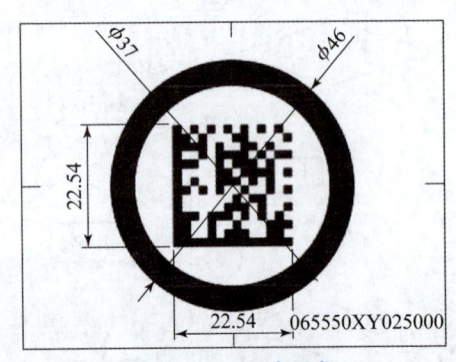

φ37　φ46
22.54
22.54　065550XY025000

图 11-7　尺寸要求

（2）仓位条形码。

图 11-8 所示仓位条形码类型为 Code128，下方为条形码内容注释。

300016P310102

图 11-8　仓位条形码

仓位条形码的条形码内容中,货架编号与货架底部二维码编号一致;货架类型可根据货架种类进行分类命名;方向标识位与底部二维码方向标识一一对应,例如"310"对应二维码"1","330"对应二维码"3";仓位标识位表示仓位位置,如"102"为第一层第二格,"204"为第二层第四格;"货架编号位"及"方向标识位"的第一位为货架类型标识位,如单层货架为"1"。如图11-9所示。

$$\underset{\text{货架编号位}}{300016} \quad \underset{\text{货架类型}}{P3} \quad \underset{\text{方向标识}}{10} \quad \underset{\text{仓位标识}}{102}$$

图11-9 条形码内容说明示意图

2)打印机使用方法
(1)标签纸安装。
朝向自己方向拉动按钮,并抬起顶盖,如图11-10所示。

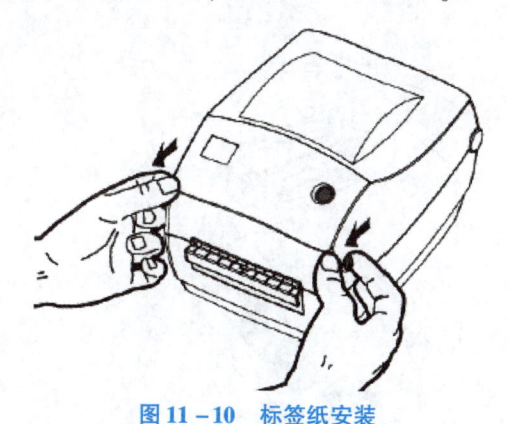

图11-10 标签纸安装

将标签纸导板拉开,将标签纸放入,松开导板,如图11-11所示。

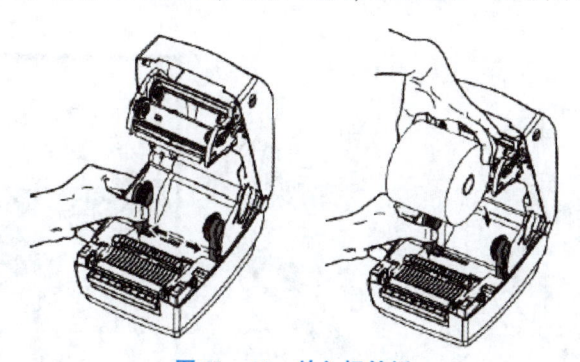

图11-11 放入标签纸

调节标签导板右边旋钮,使标签纸刚好卡在介质导板下面,如图11-12所示。
抓住顶盖,并按顶盖支架锁将其松开,放下顶盖,色带托架即会自动折叠到位,如图11-13所示。
(2)色带安装。
将色带穿过色带支架,旋转色带轴,使色带芯缺口锁入色带轴内,如图11-14示。

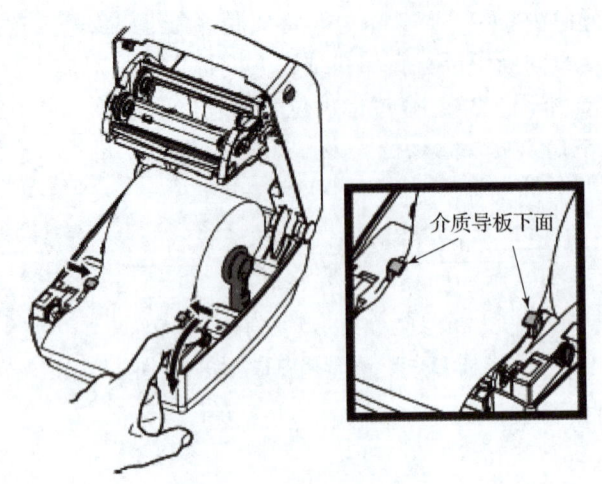

图 11－12　调节标签导板

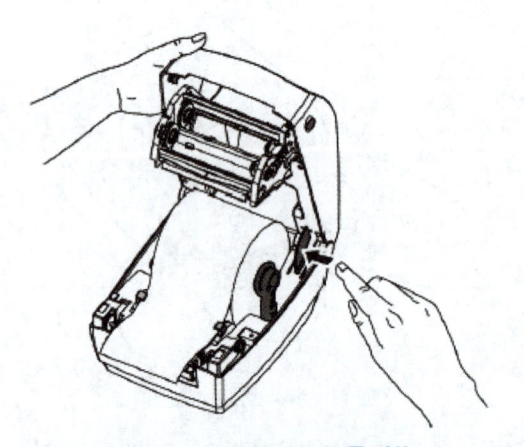

图 11－13　色带托架折叠到位

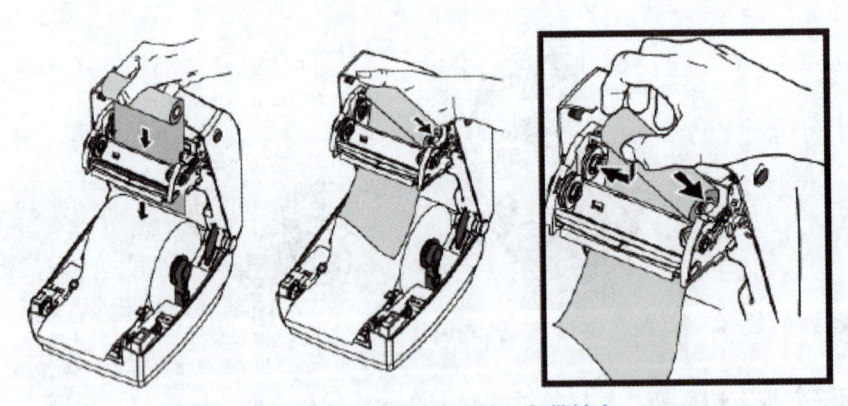

图 11－14　色带芯缺口锁入色带轴内

将空色带芯放置在打印机外侧的色带轴上，并保证色带芯缺口锁入色带轴内，如图 11－15 所示。

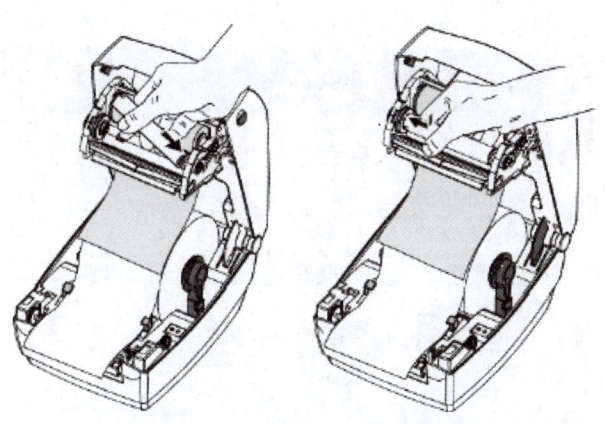

图 11-15　空色带芯缺口锁入色带轴

（3）软件安装。

双击/NiceLabel. Pro. 3/NiceLabel. Pro. 3［ithov. com］NiceLabel Pro 3//SETUP. exe 文件，按默认选项，依次安装完成。

双击 GK888T 驱动/RunCD. exe 文件，选择"GK888t"，单击"运行"，按默认选项依次安装完成。

（4）二维码打印。

在电脑控制面板的"设备和打印机"中，找到"ZDesigner GK888t（EPL）"，如图 11-16 所示，单击"属性"按钮，弹出"打印机首选项"窗口。

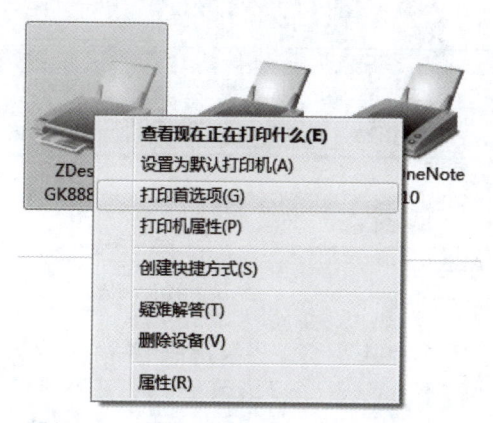

图 11-16　选择 ZDesigner GK888t（EPL）

在"选项"窗口中："打印浓度"选择最高值"15"，"标签格式""大小"根据使用标签纸情况配置，如图 11-17 所示。

如图 11-18 所示，在"高级设置"窗口进行介质设置。用碳带时，选择"热转"；标签纸为热敏材质时，为"热感"。单击右下方"校正"按钮，打印机会根据设置标签纸的大小自动调整，初始化标签纸位置。

3）二维码打印软件使用

（1）打印编码。

将需要打印的编码数值输入到文件下的 Excel 表格中，如图 11-19 所示。

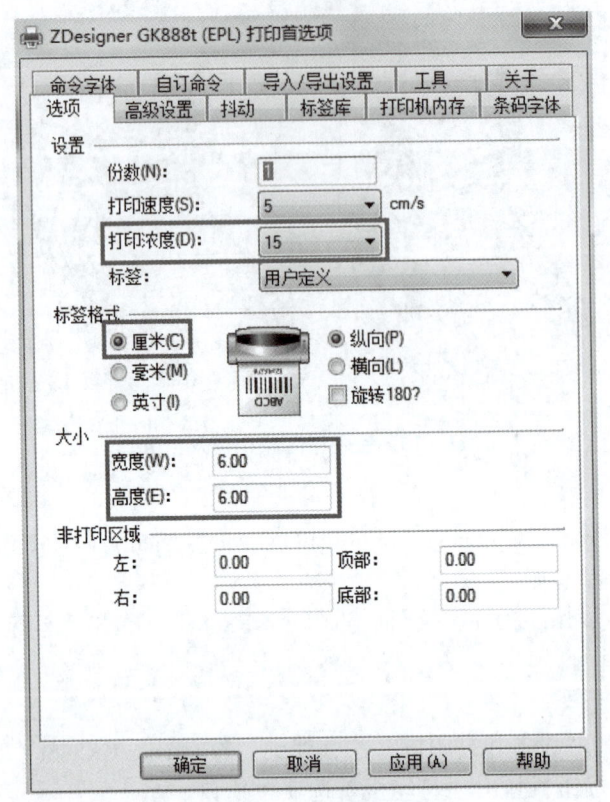

图 11-17 选项设置

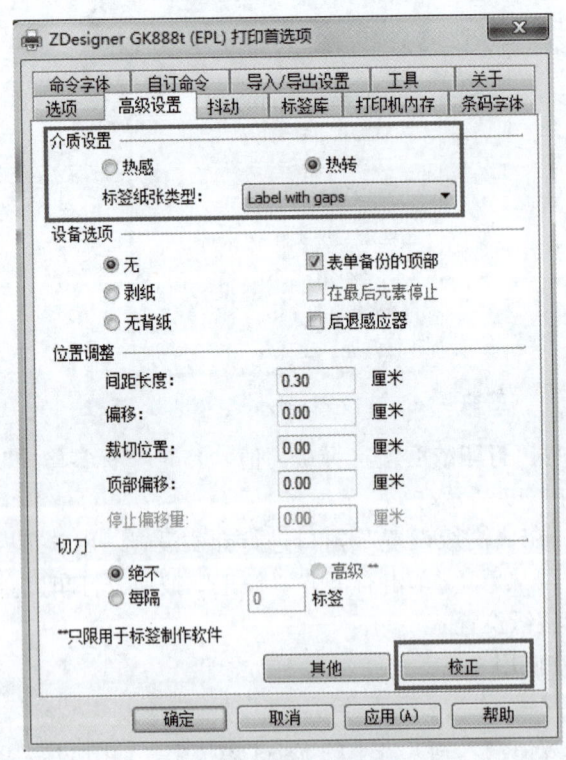

图 11-18 介质设置

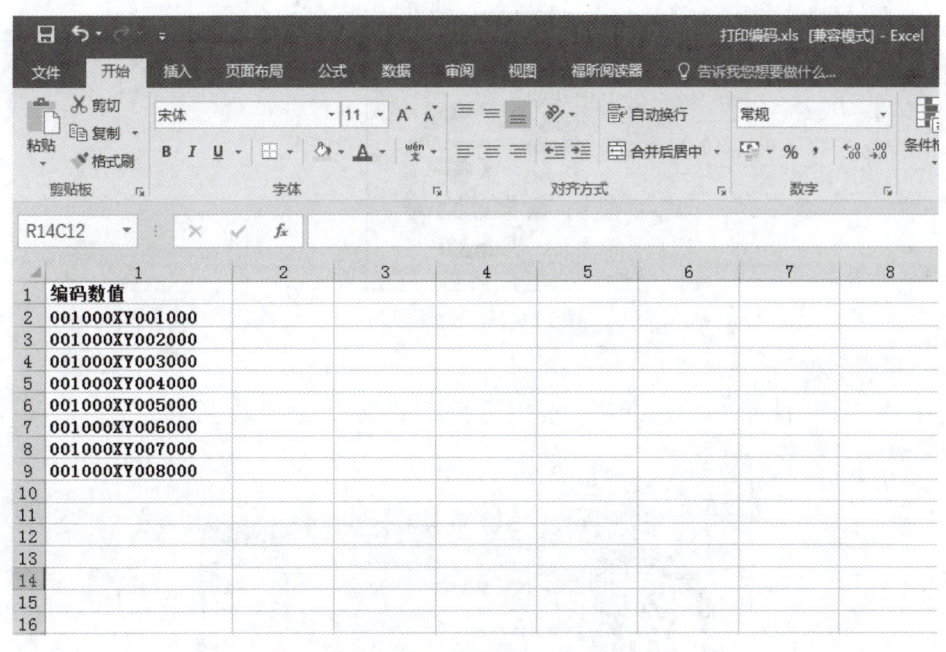

图 11 – 19　编码数值输入 Excel 表格中

注：只能使用打印软件文件夹下的 Excel 文件，且只能在其第一列填写编码数值。

（2）模板选择。

双击运行"code_printer_2.1.exe"应用程序，打码软件中目前提供了三种不同规格的打印纸及两种编码规范，如图 11 – 20 所示。

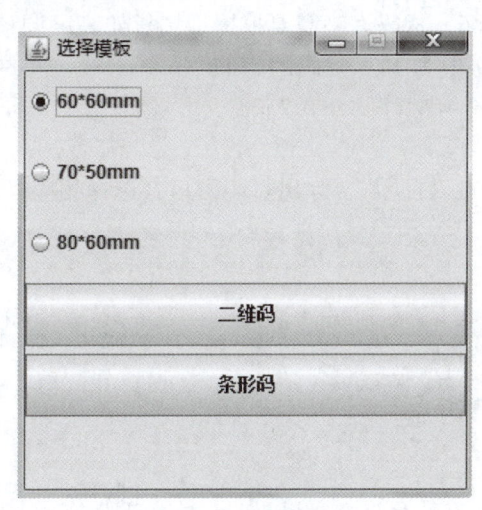

图 11 – 20　编码规范选择

注：jre 文件夹应与两个 exe 文件放在同一文件夹内。

（3）文件导入。

选择文件目录下的"导入"，将编辑好的 Excel 文件导入到此软件中（见图 11 – 21），此时软件会自动读取 Excel 文件中的编码值。

图 11-21 文件导入

(4) 设置码值。

选择"文件"目录下"设置码",弹出设置窗口,如图 11-22 所示。

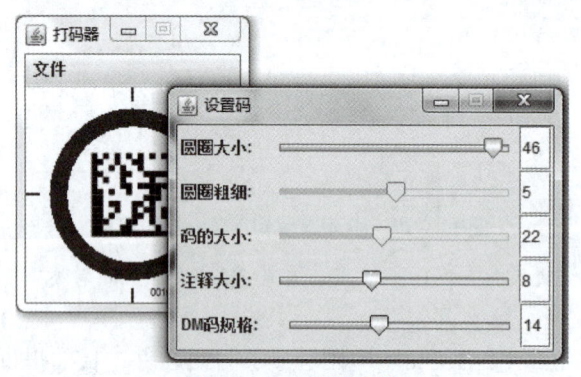

图 11-22 设置码值

地码大小的外圈值为 46,货码大小需要根据现场货架高度调整。

地码的 DM 码规格值一般为 14,货码的为 12。

注:圆圈粗细和码的大小会根据圆圈大小自动调整。

(5) 打印。

选择"文件"目录下的"打印",弹出打印窗口,选择相应打印机,如图 11-23 所示。

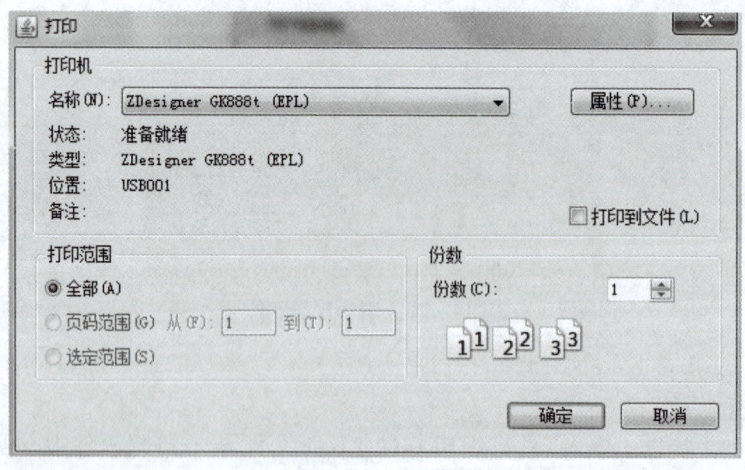

图 11-23 打印

4. AGV调度系统的资源配置

1）二维码实施

（1）根据设计方案的CAD图纸，与现场实际空间进行测量，查看是否有误差。

（2）测量时尤其注意立柱、机台等障碍物位置。

（3）计算车的旋转空间是否与实际空间有冲突。

2）原点坐标轴

（1）由于目前AGV地图数学模型不支持非正数（包括0）坐标值，因此需要合理选取原点（考虑后续规划），保证X/Y轴坐标值都为正数（建议从20开始，留有足够余量）。

（2）X/Y坐标轴要符合右手坐标法则或按照图11-24所示文字描述原则。

（3）二维码的坐标系和整个大地图的坐标系保证一致，如图11-24所示。

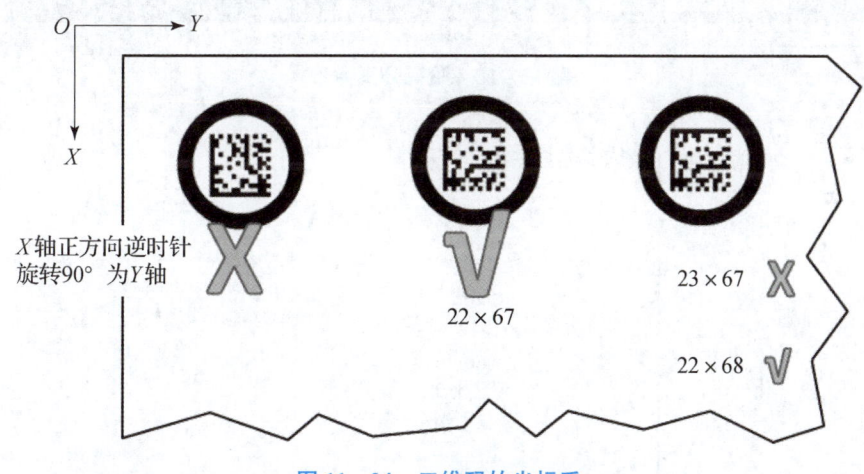

图11-24 二维码的坐标系

3）整数码间距

以下配置目的以实施及维护方便为原则：

（1）若为普通产线搬运且搬运目标点间不为等距分布，则将相邻整数码间距定为1 m。

（2）若搬运目标点间为等距分布，类似仓储布局，则可将储位大小定为相邻整数码间距。

4）货码大小

（1）通过配置工具，抓取货码图片。

（2）用Windows自带的画图软件，打开抓取的货码图像。

（3）将鼠标放在货码外圈处，通过左下角像素坐标，得出黑圈外侧跨度多少像素，如图11-25所示。

（4）举升前后，货码图像大小不一，其两张图像外圈像素跨度大小控制在150~210像素间最佳。

5）地码实施

基准线以现场墙或立柱为准（即使角度非90°，有偏差），如图11-26所示。尺寸量取用长卷尺，一次性分割，勿用小卷尺一段段分割，以免导致误差累加。

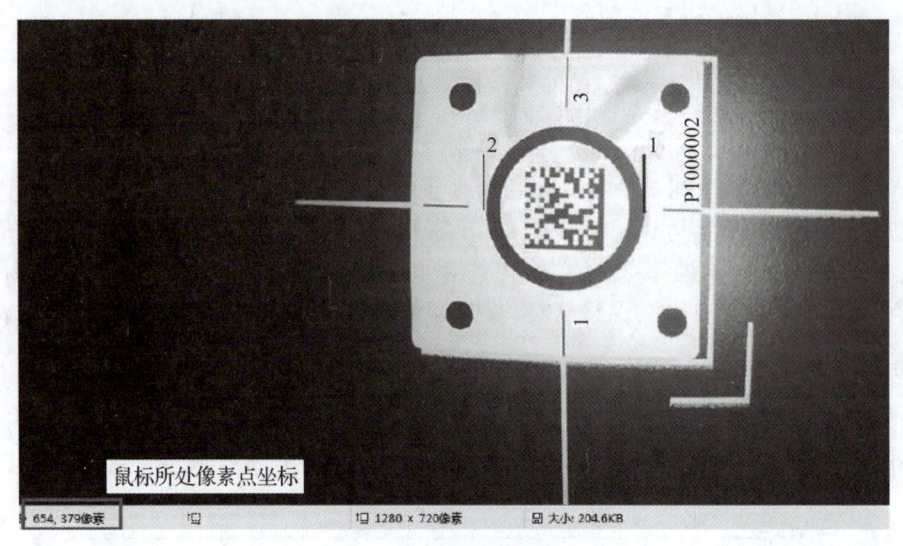

图 11-25　货码外圈像素

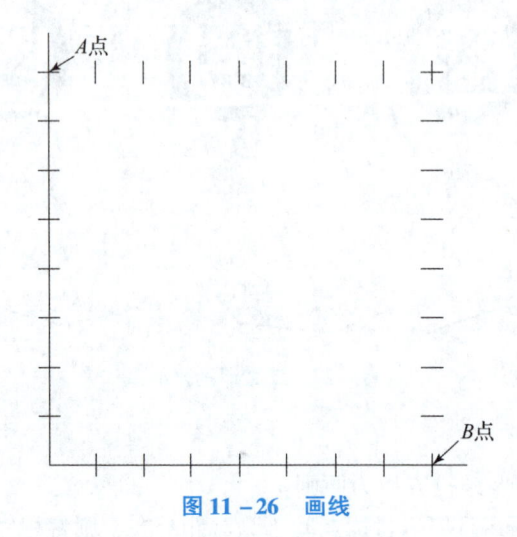

图 11-26　画线

6）充电桩实施

充电桩安装要求见表 11-2。

表 11-2　充电桩安装要求

使用条件	安装基座无剧烈振动和冲击，垂直倾斜度不超过 1°
电气要求	单个充电桩供电回路功率不低于 2 000 W
	使用 10 A 三孔插座，每个充电桩单独配备 16 A 空开或熔断器
	三孔插座安装高度离地 30 cm，与充电桩中心处于同一直线
	接线时红线对红螺柱，黑线对黑螺柱，避免正、负接反，导致短路或设备损坏

续表

安装要求	使用 M8 地脚螺栓与地面固定，数量 4 组
	充电桩背面开门处需保证 30 cm 以上空间
	安装时充电头与地面地码中心处于同一直线

7）无线 AP 配置

无线布置要求见表 11 - 3。

表 11 - 3　无线布置要求

布局要点	注意 AP 型号特别是全向型和定向型的区别，决定其覆盖范围和安装方式
	相邻 AP 信道号需要错开（1, 6, 11），使信道带宽无重叠干扰
	AP 安装位置方向：覆盖范围 15 m，安装高度 3 m，建议 AP 安装时倾角 7°~9°
技术参数	支持 802.11 a/b/g/n 工作模式，支持双频
	提供内置天线，或外置天线皆可。在离地高 1 m 的空间范围内，单个 AP 功率及天线的信号覆盖面积可达 900 m^2
	802.3AF 供电方式或直流 12 V DC 供电方式；供电必须满足 AP 双频满负荷工作
网络信号强度要求	AGV 活动区域信号强度大于 - 65 dB
	测试环境要求：关闭小车自动漫游功能，连接到特定 AP，此 AP 与待测终端（小车）距离 20 m
	测试标准：信号强度大于等于 - 70 dB，ping 1500 包大小延时小于 300 ms，上行下行速率大于等于 4 Mbit/s
	AGV 在 AP 间漫游时，每次漫游 ping 包丢包数小于 2 个

8）安装服务

（1）HikServer 安装。

说明：HikServer 中集成了 RCS（机器人控制服务）、AMS（告警服务）、Redis 服务以及 postgress 数据库服务、RabbitMQ（消息队列），在安装和部署 HikEcs 之前，要先安装这些服务。

双击运行 "HikServer_{版本号}_{jenkins 构建号}_{svn 版本号}.exe" 应用程序，如图 11 - 27 所示。

HikServer_V2.2_build180523_svn165347.exe

图 11 - 27　HikServer 运行程序

设置 Postgresql 数据库的初始密码如图 11 - 28 所示。

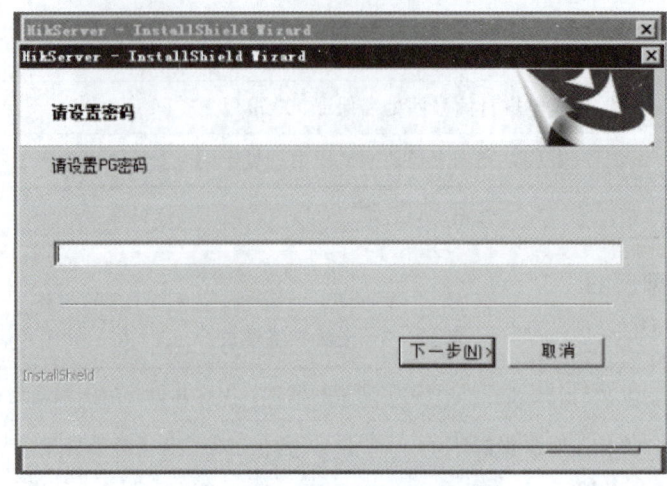

图 11-28 设置数据库的初始密码

等待安装过程结束,确认 Redis/Postgre/RabbitMQ 状态为正在运行后单击"完成",如图 11-29 所示。

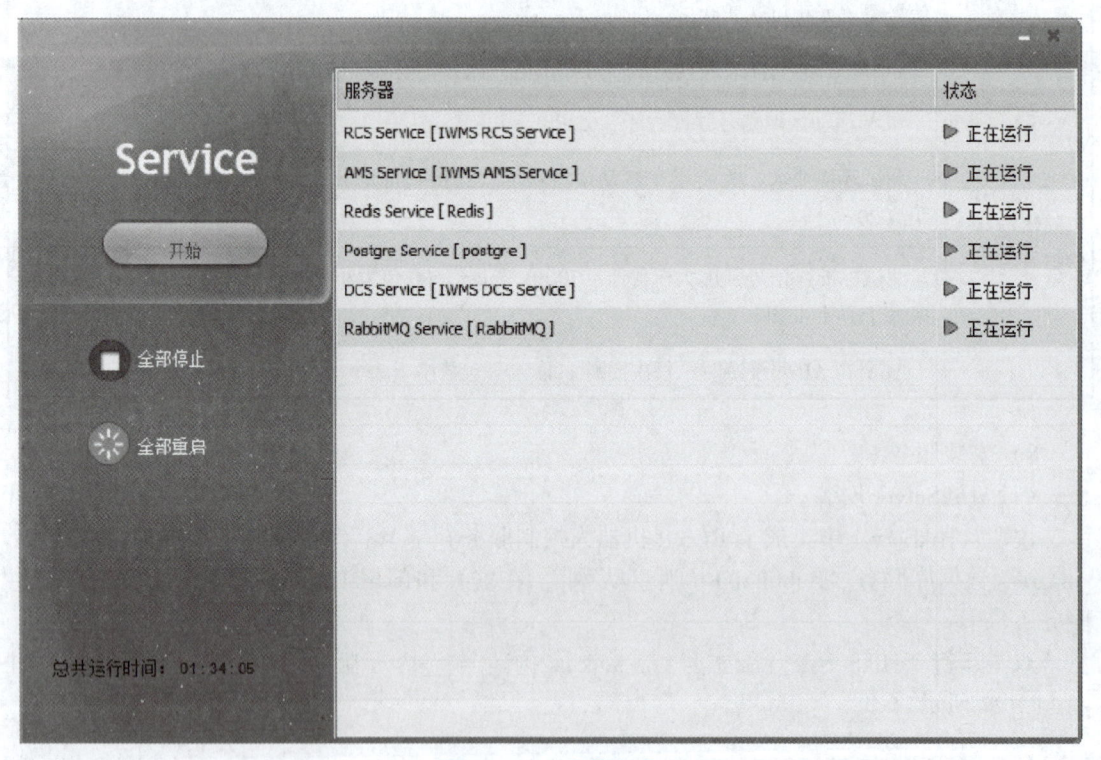

图 11-29 安装完成

(2)安装 RCS2000。

双击 "RCS2000_Setup_V1.0.0_build170905_svn7910.exe" 文件,安装完成后,选择弹出系统文件配置工具,完成其参数配置后启动服务,如图 11-30 所示。

图 11 - 30　启动服务

四、工作页

学院		专业	
姓名		学号	

1. 服务配置

服务配置流程示意图如图 11 – 31 所示。

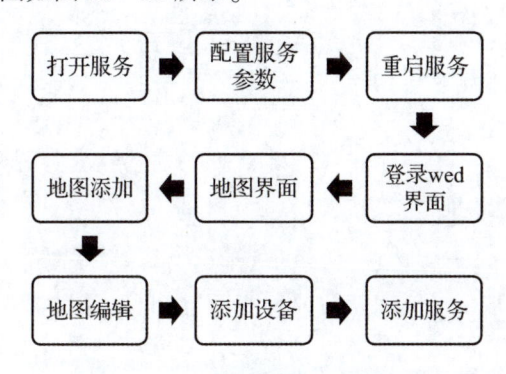

打开服务 → 配置服务参数 → 重启服务
↓
地图添加 ← 地图界面 ← 登录 wed 界面
↓
地图编辑 → 添加设备 → 添加服务

图 11 – 31　服务配置流程示意图

2. AGV 配置

AGV 配置流程示意图如图 11 – 32 所示。

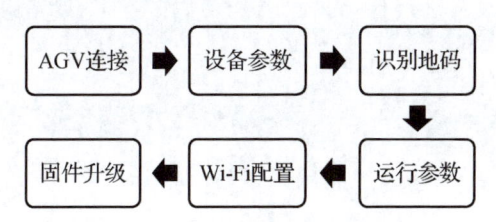

AGV 连接 → 设备参数 → 识别地码
↓
固件升级 ← Wi-Fi 配置 ← 运行参数

图 11 – 32　AGV 配置流程示意图

3. 上线操作

4. 任务配置

任务配置流程示意图如图 11 – 33 所示。

任务模板 → 地图数据 → 创建任务 → 任务管理

图 11 – 33　任务配置流程示意图

任务配置流程中的地图数据，包含解析地图、地图元素配置和地图数据配置三大步骤。

5. 第三方通信

配置第三方通信的流程示意图如图 11 – 34 所示。

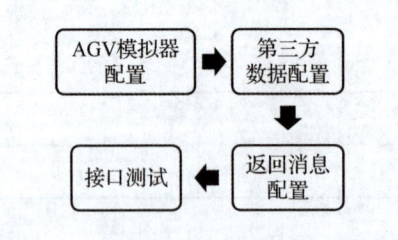

图 11-34　配置第三方通信的流程示意图

五、评价反馈

评价项目	分值	序号	评分标准	评分分值	自评	师评
职业素养	20 分	①	遵守操作规程，养成严谨科学的工作态度	缺乏规范扣 5 分		
		②	尊重他人劳动，不窃取他人成果，即独立完成工作任务	缺乏素养扣 5 分		
		③	严格执行 5S 现场管理	不达标扣 5 分		
		④	积极出勤，工作态度良好	不达标扣 5 分		
知识准备	30 分	①	了解 AGV 相关的知识	不了解，每错一处扣 1 分，共 5 分		
		②	了解 AGV 二维码导航	不了解，每错一处扣 1 分，共 10 分		
		③	了解二维码打印方法	不了解，每错一处扣 1 分，共 5 分		
		④	掌握 AGV 调度系统的资源配置方法	不了解，每错一处扣 2 分，共 10 分		
任务实施	50 分	①	能正确完成服务配置	能完成服务配置，得 10 分		
		②	能正确完成 AGV 配置	能完成 AGV 配置，得 10 分		
		③	能正确完成上线操作	能完成上线操作，得 10 分		
		④	能正确完成任务配置	能完成任务配置，得 10 分		
		⑤	能正确完成第三方通信	能完成第三方通信，得 10 分		

工作任务十二

配合巷道式仓储的智能车削加工

一、任务目标

按照工单流程，对智能巷道仓储单元、智能车削加工单元、工业机器人系统、AGV 以及 MES 系统联调操作，最终完成配合智能巷道仓储单元应用的车削加工实训。

【知识目标】
(1) 了解配合智能巷道仓储单元的车削加工生产流程；
(2) 了解 RFID 读写器的布置方法；
(3) 了解 RFID 的分类及应用；
(4) 了解 MES 系统的数据服务。

【能力目标】
(1) 能正确完成各生产单元的联机准备；
(2) 能正确修改 RFID 读写器的网络参数；
(3) 能正确启动 AGV 小车和 MES 系统；
(4) 能在 MES 系统中正确下发生产任务。

【素养目标】
(1) 严格遵守职业规范；
(2) 养成认真仔细的工作态度；
(3) 培养安全与环保责任意识。

二、前期准备

1. 技能基础
(1) 掌握制造执行系统（MES）操作与应用。
(2) 掌握 AGV 及调度系统操作与应用。
(3) 掌握智能制造系统加工、检测和仓储等各单元的功能。
(4) 掌握奖杯底座相关的产品加工工艺。

2. 仪器设备
仪器设备涉及中央控制单元、智能车削加工单元、智能检测单元、智能巷道仓储单元、智能环形仓储单元、AGV 小车、刀具、游标卡尺和末端执行器。

三、信息页

1. 配合智能巷道仓储单元应用的车削加工生产流程

本任务生产流程是加工奖杯底座，经过的站点顺序如图 12-1 所示。生产流程中，毛料、半成品和成品的流动均由 AGV 小车接驳。

智能巷道仓储单元 → 智能车削加工单元 → 智能检测单元 → 智能环形仓储单元

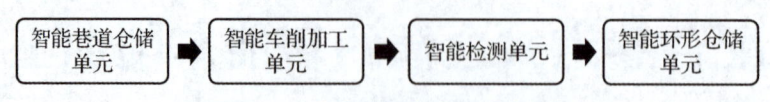

图 12-1 生产奖杯底座经过的站点

配合智能巷道仓储单元应用的车削加工生产流程：奖杯底座毛料由智能巷道仓储单元出库，转至智能车削加工单元进行车削加工。车削后的半成品转送至智能检测单元检测后，送至智能环形仓储单元入库。

2. RFID 读写器的应用

1）基本原理

RFID 技术的基本工作原理并不复杂：标签进入阅读器后，接收阅读器发出的射频信号，凭借感应电流所获得的能量发送出存储在芯片中的产品信息（Passive Tag, 无源标签或被动标签），或者由标签主动发送某一频率的信号（Active Tag, 有源标签或主动标签），阅读器读取信息并解码后，送至中央信息系统进行有关数据处理。一套完整的 RFID 系统是由阅读器与电子标签（也就是所谓的应答器）及应用软件系统三个部分所组成的，其工作原理是阅读器（Reader）发射一特定频率的无线电波能量，用以驱动电路将内部的数据送出，此时 Reader 便依序接收解读数据，送给应用程序做相应的处理。

2）分类及特点

射频识别技术依据其标签的供电方式可分为三类，即无源 RFID、有源 RFID 与半有源 RFID。

（1）无源 RFID。

在三类 RFID 产品中，无源 RFID 出现时间最早，最成熟，其应用也最为广泛。在无源 RFID 中，电子标签通过接收射频识别阅读器传输来的微波信号，以及通过电磁感应线圈获取能量来对自身短暂供电，从而完成此次信息交换。因为省去了供电系统，所以无源 RFID 产品的体积可以达到厘米量级甚至更小，而且自身结构简单，成本低，故障率低，使用寿命较长。但作为代价，无源 RFID 的有效识别距离通常较短，一般用于近距离的接触式识别。无源 RFID 主要工作在较低频段（125 kHz、13.56 MHz 等），其典型应用包括公交卡、二代身份证、食堂餐卡等。

（2）有源 RFID。

有源 RFID 兴起的时间不长，但已在各个领域，尤其是在高速公路电子不停车收费系统中发挥着不可或缺的作用。有源 RFID 通过外接电源供电，主动向射频识别阅读器发送信号。其体积相对较大，但也因此拥有了较长的传输距离与较高的传输速度。一个典型的有源 RFID 标签能在百米之外与射频识别阅读器建立联系，读取率可达 1 700 read/se。有源 RFID 主要工作在 900 MHz、2.45 GHz、5.8 GHz 等较高频段，且具有可以同时识别多个标签的功能。有源 RFID 的远距性、高效性，使得它在一些需要高性能、大范围的射频识别应用场合里必不可少。

(3) 半有源 RFID。

半有源 RFID 又叫作低频激活触发技术。在通常情况下，半有源 RFID 产品处于休眠状态，仅对标签中保持数据的部分进行供电，因此耗电量较小，可维持较长时间。当标签进入射频识别阅读器识别范围后，阅读器先以 125 kHz 低频信号在小范围内精确激活标签使之进入工作状态，再通过 2.4 GHz 微波与其进行信息传递。也就是说，先利用低频信号精确定位，再利用高频信号快速传输数据。其通常应用场景为：在一个高频信号所能覆盖的大范围中，在不同位置安置多个低频阅读器来激活半有源 RFID 产品，这样既完成了定位，又实现了信息的采集与传递。

(4) 射频识别技术特性。

①适用性：RFID 技术依靠电磁波，并不需要连接双方的物理接触，这使得它能够无视尘、雾、塑料、纸张、木材以及各种障碍物建立连接，直接完成通信。

②高效性：RFID 系统的读写速度极快，一次典型的 RFID 传输过程通常不到 100 ms。高频段的 RFID 阅读器甚至可以同时识别、读取多个标签的内容，极大地提高了信息传输效率。

③独一性：每个 RFID 标签都是独一无二的，通过 RFID 标签与产品的一一对应关系，可以清楚地跟踪每一件产品的后续流通情况。

④简易性：RFID 标签结构简单，识别速率高，所需读取设备简单，尤其是随着 NFC 技术在智能手机上逐渐普及，每个用户的手机都将成为最简单的 RFID 阅读器。

3) 典型应用

在智能制造矩阵式产线中，RFID 读写器被安装在接驳机构上（见图 12-2），托盘上安装 RFID 电子标签，托盘被传送至托盘定位机构处，托盘定位机构升起，对托盘进行定位。随后，RFID 单元对托盘信息进行读取，从而对该托盘的进站、出站以及其他状态信息进行记录，间接起到货物识别追踪、管理和查验货物信息的作用。

图 12-2 接驳机构上的 RFID 读写器

3. RFID 通信协议

1) 读取标签 ID 号

发送格式：

事件标识符	协议标识符	长度	地址标识符	功能代码	寄存器起始地址	寄存器数量
0000Hex	0000Hex	0006Hex	FFHex	03Hex	0003Hex	0004Hex

响应格式：

<正常响应>：

事件 标识符	协议 标识符	长度	地址 标识符	功能代码	字节数	读取数据
0000Hex	0000Hex	0BHex	FFHex	03Hex	08Hex	8字节 ID号

<异常响应>：

事件 标识符	协议 标识符	长度	地址 标识符	功能代码	字节数	读取数据
0000Hex	0000Hex	0BHex	FFHex	03Hex	08Hex	0000000000000000Hex

示例：

读取标签ID号，其中加粗标示的为标签的ID号。

发送：00 00 00 00 00 06 FF 03 00 03 00 04。

接收：00 00 00 00 00 0b ff 03 08 **e0 04 01 00 6a 15 2e e1**。

2）读取数据

发送格式：

事件 标识符	协议 标识符	长度	地址 标识符	功能代码	寄存器 起始地址	寄存器 数量
0000Hex	0000Hex	06Hex	FFHex	03Hex	2字节	2字节

注：寄存器起始地址范围：0008Hex~003FHex；寄存器数量范围：0001Hex~003FHex。

响应格式：

<正常响应>：

事件 标识符	协议 标识符	长度		地址 标识符	功能代码	字节数	读取数据
0000Hex	0000Hex	00Hex	1字节	FFHex	03Hex	1字节	2~112字节

注：长度范围：05Hex~73Hex；字节数数量范围：02Hex~70Hex；数据：存储在标签内的十六进制数据。

<异常响应>：

事件标识符	协议标识符	长度	地址标识符	异常代码	保留
0000Hex	0000Hex	03Hex	FFHex	1字节	00Hex

注：异常代码14Hex：标签响应超时；13Hex：无可操作标签。

示例：

从标签的地址 0008Hex 读取 2 个字（一个字两个字节）大小的数据，其中加粗标示的数据为存储在标签内的数据。

发送：00 00 00 00 00 06 FF 03 00 08 00 02。

接收：00 00 00 00 00 07 FF 03 04 **12 34 56 78**。

3）写入数据

发送格式：

事件 标识符	协议 标识符	长度	地址 标识符	功能 代码	寄存器 起始地址	寄存器 数量	写入 字节数	写入数据 内容
0000Hex	0000Hex	2字节	FFHex	10Hex	2字节	2字节	1字节	2~112字节

注：长度：为长度以后所有字节数的个数；寄存器起始地址范围：0008Hex~003FHex；寄存器数量范围：0001Hex~003Fhex；写入字节数：写入标签的字节个数，用十六进制表示，必须为偶数个数；写入数据内容：写入标签的十六进制数据。

响应格式：

<正常响应>：

事件 标识符	协议 标识符	长度	地址 标识符	功能 代码	寄存器 起始地址	寄存器数量
0000Hex	0000Hex	0006Hex	FFHex	10Hex	2字节	2字节

注：寄存器起始地址：写入标签的起始地址；寄存器数量：写入标签的寄存器数量。

<异常响应>：

事件标识符	协议标识符	长度	地址标识符	异常代码	保留
0000Hex	0000Hex	0006Hex	FFHex	10Hex	2字节

注：异常代码 15Hex：标签响应超时；13Hex：无可操作标签。

示例：

从标签的地址 0008Hex 写入 2 个字（一个字两个字节）大小的数据，其中加粗标示的数据为存储在标签内的数据。

发送：00 00 00 00 00 0B FF 10 00 08 00 02 04 **99 88 77 66**。

接收：00 00 00 00 00 06 FF 10 00 08 00 02。

4. RFID 读写器的布置方法

1）接口说明

RFID 读写器的接口分布位置及名称如图 12-3 所示。

2）操作前的准备

（1）读头连接。

将读头的接头拧到控制器的连接器上，确保接头拧紧，如图 12-4 所示。

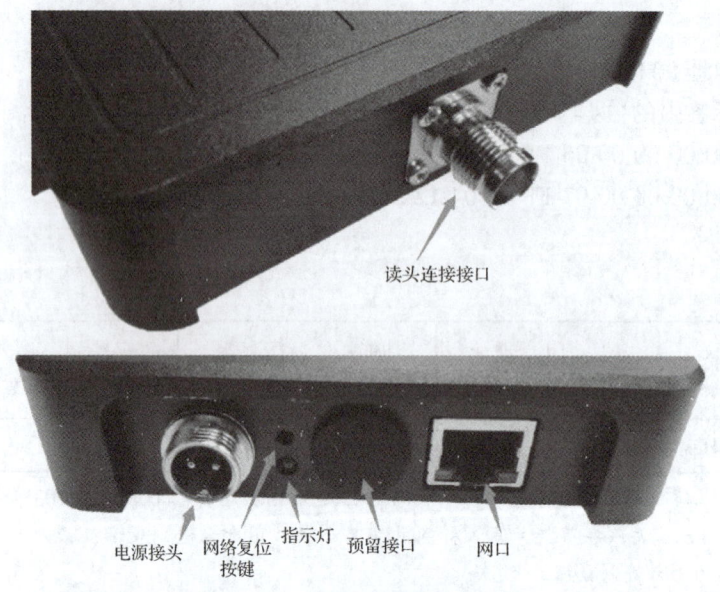

图 12-3　RFID 读写器接口名称

图 12-4　读头连接

（2）网线连接。

将网线插入控制器的 RJ45 端口，如图 12-5 所示。

图 12-5　网线连接

（3）电源连接。

设备标配 12 V/3 A 直流电源，将电源接头插入控制器的电源端，并拧紧螺丝，然后接通电源，上电后蜂鸣器会"嘀"一声，绿色状态指示灯常亮，如图 12-6 所示。

图 12 – 6　电源连接

（4）通信准备。

设备默认通信参数见表 12 – 1。

表 12 – 1　默认通信参数

IP 地址	192.168.0.178
子网掩码	255.255.255.0
默认网关	192.168.0.1
端口号	4001

注：设备与上位机必须在同一网段内。

5. MES 系统数据服务

结合智能制造综合生产线，数据服务主要由两部分构成，如图 12 – 7 所示，一部分通过网关设置，与 S7 – 1500 PLC 进行通信连接，而 S7 – 1500 与每个站进行 S7 通信，包括数控机床等相关智能设备，实时采集心跳、库房库位、手动/自动状态、单机/联机状态、报警状态信息、加工流程、机床的实时运行数据以及当前的加工程序等信息。另一部分，通过网关设置，与 AGV 小车系统进行通信，实时采集心跳、状态获取或反馈信息；与 RFID 设备进行通信，实时采集托盘的信息。MES 系统将以上数据进行整合，通过定制化前端功能界面、数据统计监控界面以及设备实时数据显示，借助网络，将数据传递到数据层，实现数据保存、筛选，满足生产过程跟踪和管理需要。

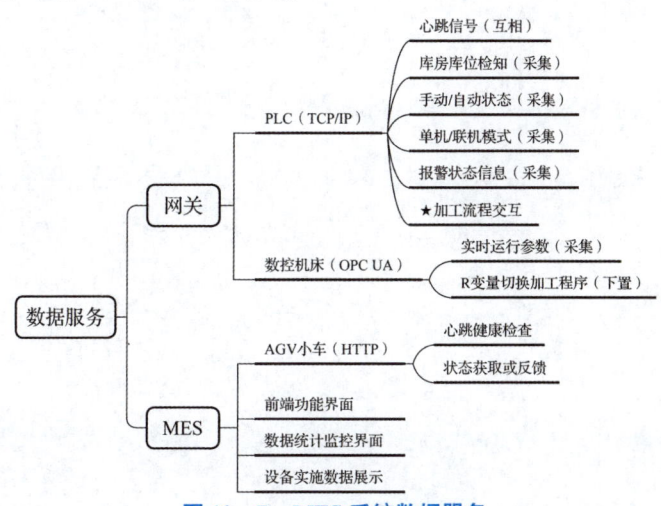

图 12 – 7　MES 系统数据服务

四、工作页

学院		专业	
姓名		学号	

（1）根据表 12-1 中数据，修改 RFID 读写器网络参数。

①安装并打开 RFID 工具软件。

用网线将电脑连接上读写器后接通电源，双击图 12-8 所示图标，打开工具软件。

图 12-8　网口参数设置软件

②配置网卡。

关闭界面上的弹窗后，单击左上角"配置"—"绑定网卡"，然后在弹出的对话框中选择对应的网卡，单击"确定"按钮，如图 12-9 所示。

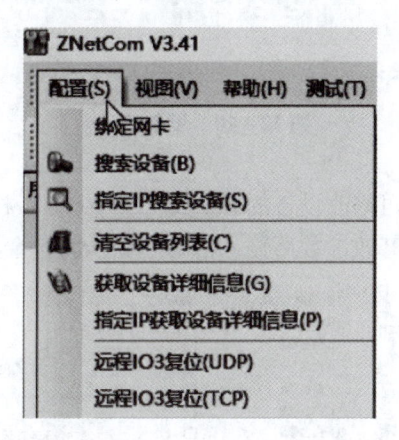

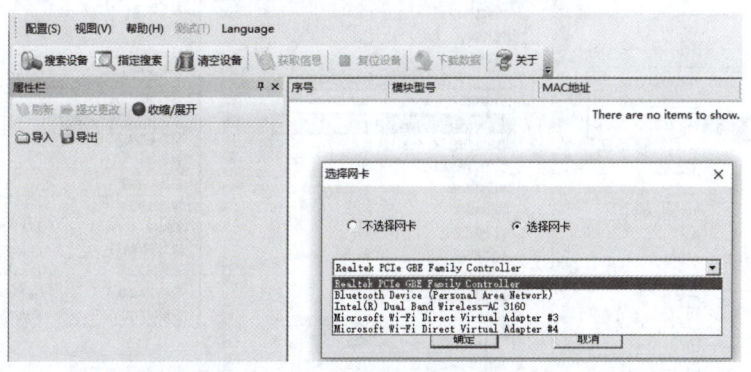

图 12-9　绑定网卡

③获取设备信息。

单击"搜索设备",在弹窗中单击"确认"按钮,双击列表中搜索到的设备,获取到的设备信息将显示在左侧信息栏中,如图 12-10 所示。

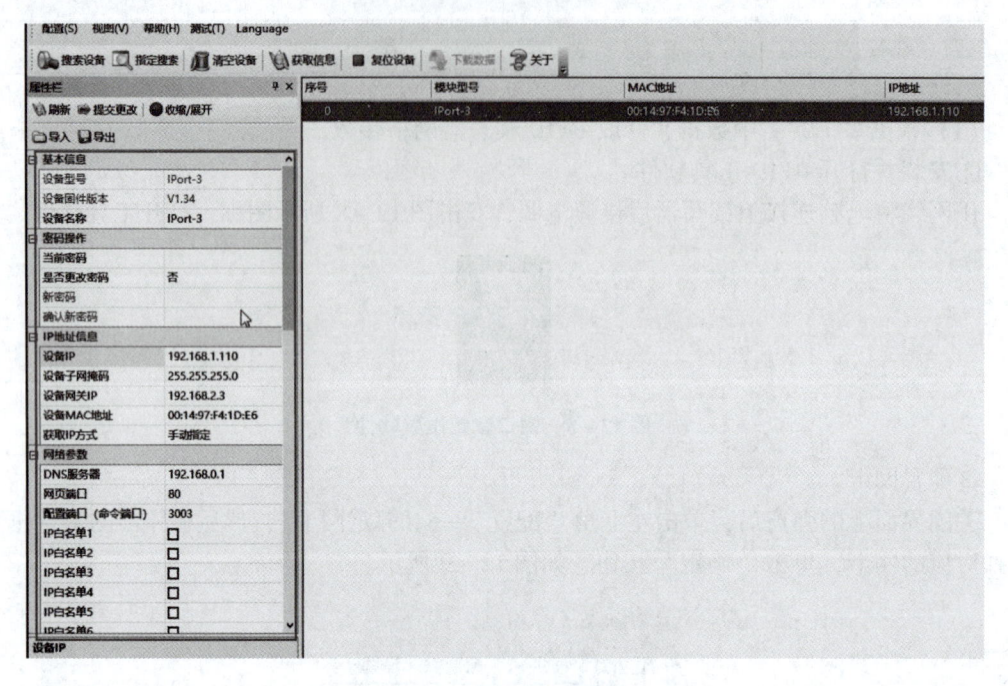

图 12-10 设备信息

④修改网络参数。

在"IP 地址信息"栏中可修改设备的 IP 地址,"串口 1"栏中可修改设备的端口号以及波特率,如图 12-11 所示。修改参数后输入密码(默认为 5 个 8),并单击"提交更改"。

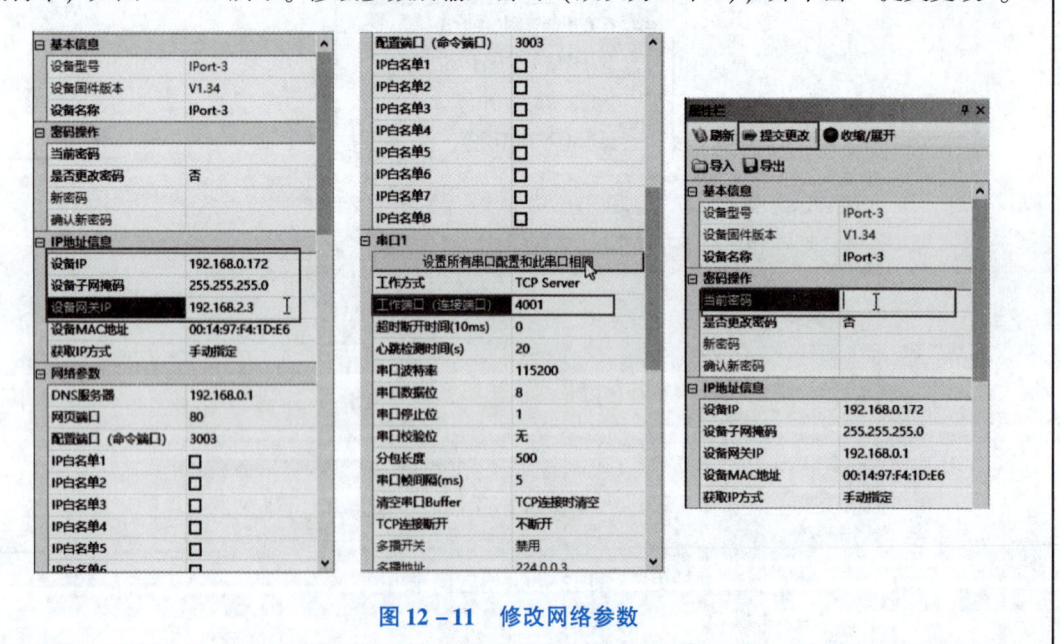

图 12-11 修改网络参数

等待设备重启,当软件界面弹出图 12 – 12 所示弹窗后,即完成网络参数的修改。

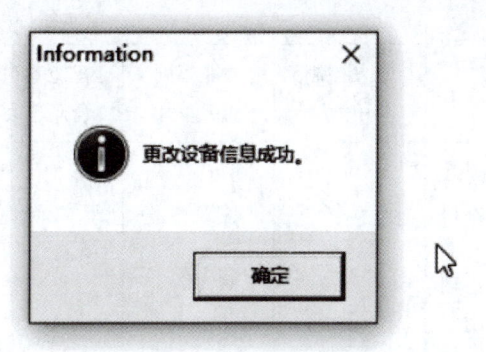

图 12 – 12　参数修改成功

(2) 根据生产流程完成联机模式的准备,并正确填写表单,见表 12 – 2。

表 12 – 2　奖杯底座车削加工生产流程的准备工作任务单

操作步骤及注意事项	单元名称				
	中央控制单元	智能车削加工单元	智能巷道仓储单元	智能环形仓储单元	智能检测单元
合上主控柜的所有断路器	√				
按下"系统上电"按钮,主控柜控制面板上的绿灯亮起	√				
确认 PLC、交换机、网关上电正常,且无报警	√				
确认主控触摸屏上各站的通信状态是否正常、有无异常报警、是否在自动与联机状态,然后按下"自动启动"按钮,主站进入自动模式状态,主控准备好,等待 MES 下发任务即可	√				
设备上电完成,气源正常		√	√	√	√
机器人上电,机器人模式调整为"自动"模式,在示教器上确认模式切换		√		√	√

续表

操作步骤及注意事项	单元名称				
	中央控制单元	智能车削加工单元	智能巷道仓储单元	智能环形仓储单元	智能检测单元
数控车床上电，NC 电源开启，进给、倍率开启，机床自动开启，确认机床轴位置，卡盘安全门在松开状态（若轴不在安全位，则需手动调用一次定位程序），确定刀具参数以及刀具位置无误		√			
PLC 上电正常，无报警		√		√	√
确认快换工具放置位置、方向是否正确		√			√
手动模式下，在主页面单击"单机/联机"按钮，使设备进入联机模式。 注意："单机/联机"模式，只能在设备处于手动状态下才能切换		√		√	√
手动模式下，在主页面单击"联机模式开启"，使设备进入联机模式。 注意："单机/联机"模式，只能在设备处于手动状态下才能切换			√		
PLC 上电正常，无报警，X、Y、Z 轴回原点完成（轴就绪后，在确认各轴处于安全无干涉的情况下，可单击"一键回零"使三轴伺服回原点完成）			√		
确认并打开三坐标机电源开关，打开三坐标机电脑，并打开 NET.DMIS 软件，三坐标机回零，开启软件后默认弹出机器回零窗口，若 X、Y、Z 三轴开机后不在零点位置，则单					√

续表

操作步骤及注意事项	单元名称				
	中央控制单元	智能车削加工单元	智能巷道仓储单元	智能环形仓储单元	智能检测单元
击"开始"按钮，机器执行自动回零点操作。在菜单栏中单击专用软件，下拉找到"自动化"按钮并单击进入，勾选"PLC 连接"，并单击下方"运行"按钮进行机器与 PLC 之间的网络连接					
将机器视觉设置成准备状态：开机，打开软件，确认处于通信状态					√
按下"自动启动"按钮，使设备进入"自动"模式（联机自动模式，三色灯绿灯常亮），联机自动模式开启完成，等待 MES 下发任务即可		√	√	√	√

3. 启动 AGV 小车和 MES 操作系统

1）启动 AGV 小车

（1）按下电源键，AGV 小车后方"急停"键旁边的黑色按钮就是"电源"键，按下"电源"键就会开机。

（2）查看 AGV 指示灯，显示绿色，表示 AGV 小车启动成功。

2）启动 MES 操作系统

（1）启动 activemq. bat，双击打开即可（需要等待 1 min）。

（2）启动 Startup. bat，双击打开即可（需要等待 1 min）。

4. 登录 MES 系统下发生产任务

1）奖杯底座毛料的入库

以生产计划员的角色登录 MES 系统，当出现如图 12-13 所示已经登录角色信息不符要求时，可以通过切换角色操作切换到计划员状态登录。

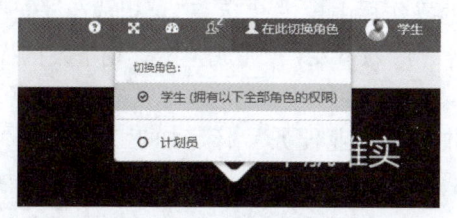

图 12-13　登录 MES 系统

在库房管理中心的手工入库中，选择"杯身杯底毛料（入立体库）"，单击"保存"，再单击"提交入库单"，系统自动生成入库编号（见图12-14），等待毛料入库。

RK20220413-00002　　　　　杯身杯底毛料(入立体库)

图12-14　入库编号（手工入库）

在接驳机构上放置托盘及杯底毛料（奖杯底座毛坯件），系统安排其自动入库，当现场设备完成入库时，"待入库"状态会变成"可用"状态。

2）生产订单的录入

在订单录入界面的"产品工艺"中选择"杯底"，"排产方式"选择"正向排产"，"日期"中设定好开始生产日期，如图12-15所示，再单击"提交"。

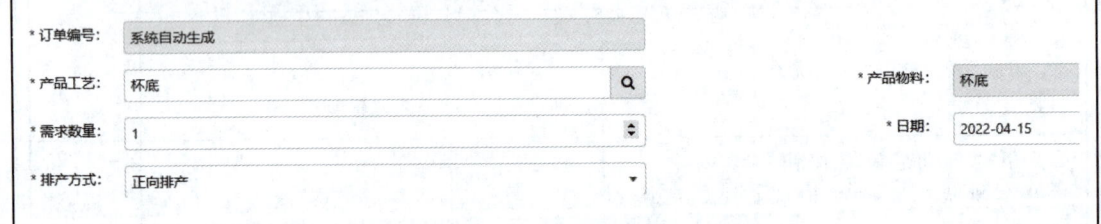

* 订单编号：系统自动生成
* 产品工艺：杯底
* 需求数量：1
* 排产方式：正向排产
* 产品物料：杯底
* 日期：2022-04-15

图12-15　生产订单录入

3）生产订单的审批

生产订单录入完成后，需生产主管进行审批，如图12-16所示，生产主管在代办任务中查看订单信息后，可填写审批意见，单击"签收"，最后单击"提交"同意生产该生产计划员所提交的订单。

审批意见：同意
常用语：同意　已阅

签收　流程追踪　关闭

图12-16　审批生产订单

4）生产计划的下发

在生产订单录入界面的操作栏中单击"运算"，生成生产计划。在生产计划下发界面中勾选"杯底加工"，单击"计划下发"，完成生产计划下发的操作。

5）设备作业派工

在设备作业派工界面中勾选作业任务"杯底加工"，单击"设备作业派工"。在设备选择页面中选择"杯底加工"，并确定，该作业任务的状态切换为"已派工"，如图12-17所示。

产品物料名称	工序名称	加工单元名称	加工单元类型	计划开工日期	计划完工日期	工时(h)	任务状态
杯底	杯底加工	零件加工单元	设备作业单元	2022-04-15	2022-04-15	2	已派工

图 12-17 已完成作业派工

6）设备作业

在生产执行中心的设备作业中选择"杯底加工"，单击"执行任务"，让设备开始执行生产作业任务。在等待 30 s 后对应设备会开始执行作业任务，如图 12-18 所示。

杯底加工	SDKJ-04	杯底加工	执行中

图 12-18 设备作业

7）生产信息监控

在信息监控中心，可通过大屏总体监控、立体库仓储看板、设备运行监控 1、设备运行监控 2、设备运行监控 3，对 MES 系统的各项数据进行监控。

定义库房与库位

五、评价反馈

评价项目	分值	序号	评分标准	评分分值	自评	师评
职业素养	20 分	①	遵守操作规程，养成严谨科学的工作态度	缺乏规范扣 5 分		
		②	尊重他人劳动，不窃取他人成果，即独立完成工作任务	缺乏素养扣 5 分		
		③	严格执行 5S 现场管理	不达标扣 5 分		
		④	积极出勤，工作态度良好	不达标扣 5 分		
知识准备	30 分	①	了解配合智能巷道仓储单元的车削加工生产流程	不了解，每错一处扣 1 分，共 5 分		
		②	了解 RFID 读写器的布置方法	不了解，每错一处扣 2 分，共 10 分		
		③	了解 RFID 分类及应用	不了解，每错一处扣 1 分，共 5 分		
		④	了解 MES 系统数据服务	不了解，每错一处扣 2 分，共 10 分		
任务实施	50 分	①	能正确完成各生产单元的联机准备	能正确完成各生产单元的联机准备，每错一处扣 5 分，共 20 分		
		②	能正确修改 RFID 读写器网络参数	能正确修改 RFID 读写器网络参数，得 5 分		
		③	能完成 AGV 小车和 MES 系统的启动	能正确完成启动，得 5 分		
		④	能在 MES 系统中正确下发生产任务	能正确完成 MES 系统相关操作，得 20 分		

工作任务十三

配合巷道式仓储的智能铣削加工

一、任务目标

按照工单流程,对智能巷道仓储单元、智能三轴铣削加工单元、智能检测单元、工业机器人系统、AGV 以及 MES 系统联调操作,最终完成配合智能巷道仓储单元应用的铣削加工实训。

【知识目标】
(1) 了解配合巷道立体库应用的智能铣削加工生产流程;
(2) 了解基于 SymLink 工业物联网智能网关的 OPC 采集方案问题;
(3) 了解 SymLink 智能网关项目工程的新建方法;
(4) 了解 SymLink 智能网关及采集配置方法。

【能力目标】
(1) 能正确完成各生产单元的联机准备;
(2) 能正确配置 SymLink 网关采集的配置参数;
(3) 能正确启动 AGV 小车和 MES 系统;
(4) 能在 MES 系统中正确下发生产任务。

【素养目标】
(1) 积极的职业心理品质;
(2) 敏锐的信息技术素养;
(3) 与时俱进的创新能力。

二、前期准备

1. 技能基础

(1) 掌握制造执行系统(MES)的操作与应用;
(2) 掌握 AGV 及调度系统的操作与应用;
(3) 掌握智能制造系统加工、装配、仓储等各单元的功能;
(4) 掌握奖杯杯身相关的产品加工工艺。

2. 仪器设备

仪器设备涉及中央控制单元、智能三轴铣削加工单元、智能检测单元、智能巷道仓储单元、智能环形仓储单元、AGV 小车、刀具、游标卡尺和末端执行器。

三、信息页

1. 配合智能巷道仓储单元应用的铣削加工生产流程

本任务生产流程是加工奖杯杯身,经过的站点顺序如图 13-1 所示。生产流程中,毛料、半成品和成品的流动均由 AGV 小车接驳。

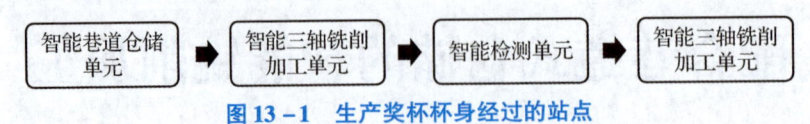

智能巷道仓储单元 → 智能三轴铣削加工单元 → 智能检测单元 → 智能三轴铣削加工单元

图 13-1　生产奖杯杯身经过的站点

配合智能巷道仓储单元应用的铣削加工生产流程:奖杯杯身毛料由智能巷道仓储单元出库,再转至智能铣削加工单元进行铣削加工。铣削后的半成品转送至智能检测单元检测后,送至智能环形仓储单元入库。

2. SymLink 智能网关

1) 简介

智能制造综合生产线采用 SymLink 实现工业物联网,SimLink(见图 13-2)工业物联网智能网关是一款全新的工业数据采集转发设备,是集通信接口服务器(包括有线和无线)、工控机、工控软件于一体的智能设备。"SymLink"工业物联网智能网关以满足物联网设备之间的互联互通互操作为设计目标,致力于构建工业互联网的神经网络系统。

图 13-2　SymLink 软件

该款设备为软硬件一体化产品。硬件采用工业级嵌入式装置,功耗低至 5 W 以下,能适应 -40~75 ℃ 的温度环境,具备工业隔离、防雷击浪涌等,EMC 等级达到 4 级。因此 SymLink 能适应各种工业现场环境,包括苛刻的煤矿井下作业。

SymLink 的软件采用裁剪定制版本的 RTLinux 实时操作系统,对黑客、病毒和网络攻击具有先天的良好免疫。同时,系统内置部署了安全策略。

SymLink 的所有通信链路之间都是隔离的,同时每条链路上都只允许配置的工业协议通过,从而能拿到且只能拿到现场关键数据,而不用将整个企业构成一个完全互通的大网。

2)智能网关的外观及功能

智能网关 F202 产品外观如图 13-3 所示,其功能如下:

(1) 4GB eMMC 存储空间数据缓存/海量应用。
(2) 2 路独立 10M/100M 自适应高品质网口。
(3) 2 路独立 RS-232/RS-485 高品质串口。
(4) 全面的隔离保护——串口保护/网络保护/机壳保护。
(5) 可选配 4G 全网通功能。
(6) 远程维护调试功能。

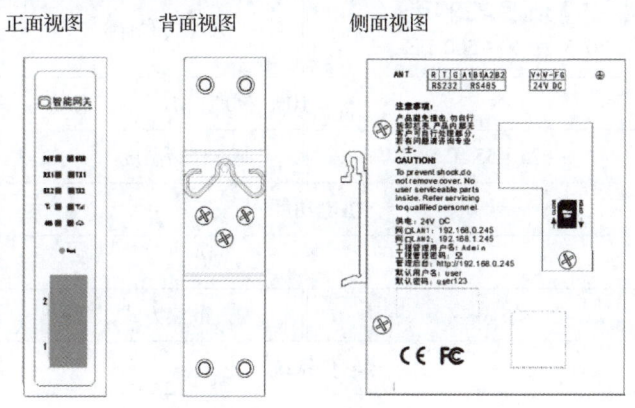

图 13-3 产品外观

3)硬件参数

智能制造综合生产线采用工业物联网智能网关是北京旋思科技的产品,如图 13-4 所示,相关的参数见表 13-1。

图 13-4 智能网关 F202

表 13 – 1　硬件参数

基本参数			
芯片架构	NXP I. MX6ULL ARM Cortex – A7	CPU 主频	800 MHz
RAM	512 MB DDR3L	存储	4GB eMMC
通信接口			
串口	$2 \times RS-485$（其中 COM1 是可复用 RS – 232/485）		
以太网	2 路百兆自适应	无线模块	选配 4G 全网通
工业级防护			
电磁兼容	CE、FCC 认证 EMC 3 级	IP 防护等级	IP40
振动（工作）	1.5 mm@2 ~ 9 Hz 0.5 g@10 ~ 500 Hz	振动（存储）	3 5 mm@2 ~ 9 Hz 1 g@10 ~ 500 Hz
工作湿度	10% ~ 90% RH		
工作温度	– 25 ~ 55 ℃	存储温度	– 40 ~ 70 ℃
供电功耗			
输入电源	24 V DC		
功耗	≤5 W	散热方式	自散热
软件系统			
软件平台	物联网网关软件平台	操作系统	嵌入式 Linux
数据处理能力	1 000 点	特色功能	远程编程 远程维护
采集接口库	500 种以上定期更新	转发接口库	30 种以上定期更新
安装尺寸			
安装方式	导轨式	尺寸（长×宽×高）/mm	120 × 95 × 30
重量/kg	0.4	材质外观	热浸镀锌板

3. 基于 SymLink 工业物联网智能网关的 OPC 采集方案问题

在两化（信息化与自动化）建设项目中，信息层与控制层的对接是一大难题。常规的方式是控制端，例如 DCS 系统提供标准的 OPC Server；采集端放置一台计算机，配置双网卡作为前置采集服务器，通常称为 Buffer 机。Buffer 机采用 Windows 操作系统，用两块网卡分别与 OPC Server 机和信息网络连接，实现数据采集。该方式存在以下几个问题：

1) 安全性问题

这种做法实际上把用于内部的信息网络和控制网络连接起来。

(1) 安全漏洞相通。

OPCServer 工作站、Buffer 机以及内部信息网的大量计算机都采用 Windows 系列操作系统，安全漏洞与攻击方式都是相通的。

(2) 权限和用户开放带来的问题。

由于远程 OPC 连接基于微软 DCOM 技术，故 OPCServer 端必须向 Buffer 开放用户名/密码及信任权限，使得安全隐患问题更加突出。

(3) 缺乏面向应用的安全机制。

由于链路完全开放，对协议没有甄别机制，故使得包括 OPC 在内的任何应用均可以在三者之间传递。

(4) 控制层和信息层被连接成一个大网络，带来交叉干扰问题。

这种连接方式，再加上网络路由器和交换机，整个企业的控制层、信息层被连接成一个大网，容易带来交叉干扰问题。例如，某一个子网的网络风暴或病毒，将很容易扩散到其他子网。

2) 实施复杂性问题

(1) DCOM 配置复杂。

在两台计算机之间配置 OPC 远程通信时，配置 DCOM 的过程十分烦琐。

(2) 操作系统平台多样。

近年来，由于微软不断推出多个不同的操作系统版本，而旧的 WindowsXP 等系统已停止服务，因此 Buffer 机只能采用 Windows7 等新一代的操作系统。DCS 端则有很多操作系统并存，如 WindowsNT4.0/Windows95/98/2000/XP/WIN7 等，造成操作系统级的互联配置十分烦琐，很多情况下甚至无法成功配置。

3) Buffer 机的环境适应性问题

Buffer 机采用的是 PC 即个人计算机，在现场会面临几类问题：

(1) PC 机无法适应工业现场的极高温/极低温/高湿环境。

(2) PC 机无法适应现场大功率电气设备带来的辐射等干扰信号。

(3) PC 机无法满足现场无人值守的要求。

4. 新建 SymLink 智能网关项目和工程

1) 软件安装

解压 SymLinkV2x.rar，并单击 exe 文件开始安装。在升级服务页面，全选在线组件库后单击"安装选中组件"，如图 13-5 所示。

等待全部下载安装完后，IDEV2.exe 为配置软件，NMCV2.exe 为监视软件，如图 13-6 所示。

2) 新建项目工程

(1) 新建项目。

打开 IDEV2.exe 开发系统，然后在左侧空白处右键新建项目，如图 13-7 (a) 所示。单击新建项目后弹出一个小方框，填入项目名称、项目描述以及存放项目的路径，完成之后单击"确定"按钮即可，如图 13-7 (b) 所示。

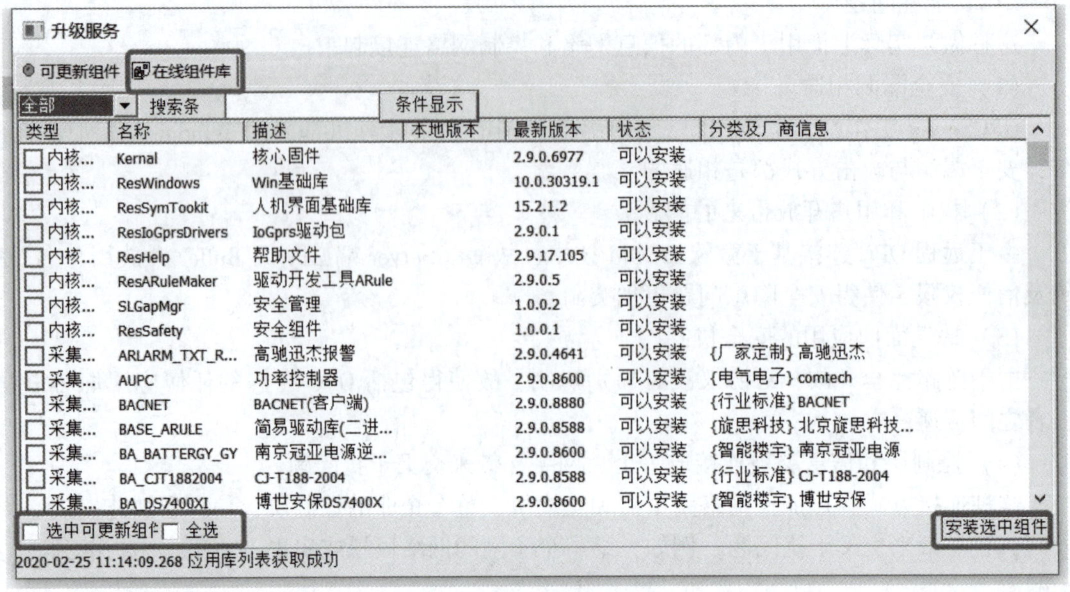

图13-5 安装选中组件

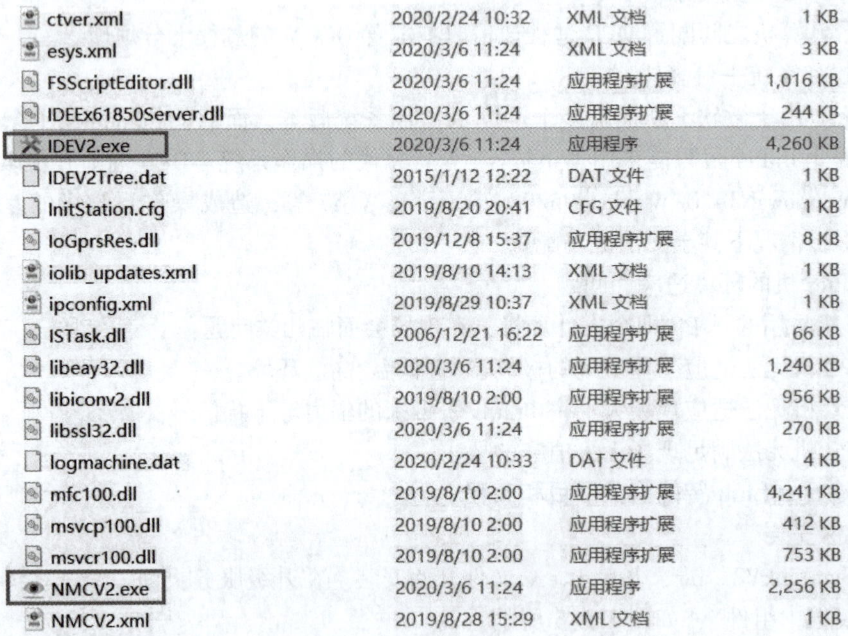

图13-6 安装完成

(2) 新建工程。

在创建好的项目中新建工程。单击图13-8 (a) 所示的右键菜单项"新建工程",在弹出的对话框中设定项目名称等相关信息,如图13-8 (b) 所示。单击"确定"按钮后,完成工程的新建,如图13-9所示。

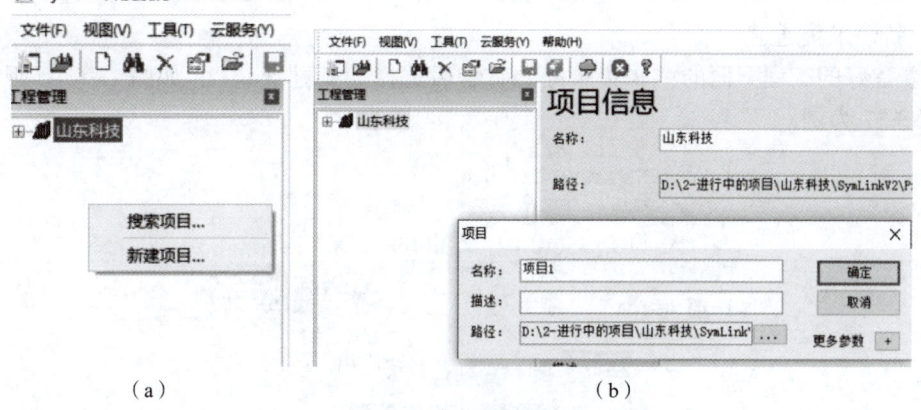

工作任务十三　配合巷道式仓储的智能铣削加工

(a)　　　　　　　　　　　(b)

图 13-7　新建项目

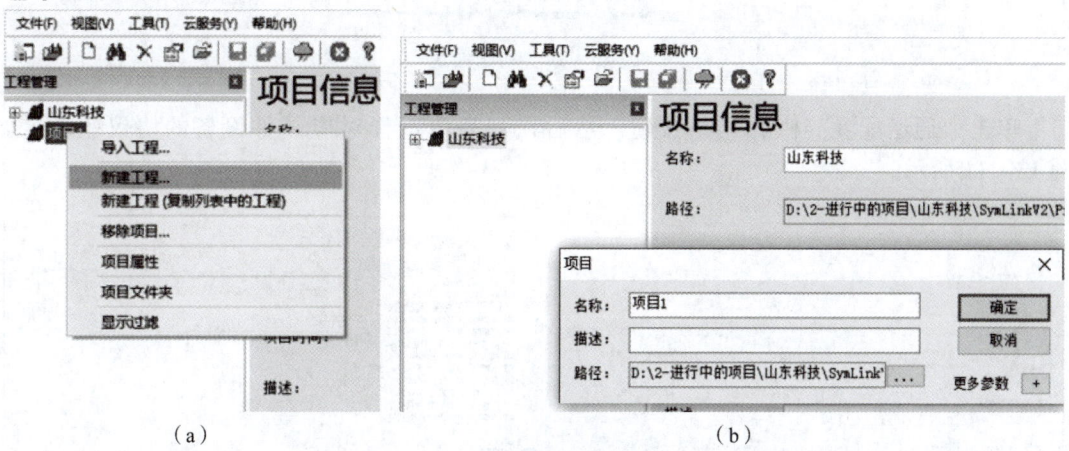

(a)　　　　　　　　　　　(b)

图 13-8　新建工程

图 13-9　新建好的工程信息

5. SymLink 网关采集配置（PLC 1500）

1）新建采集通道

在新建好的工程下面的"采集服务"右键后选择"新建通道"，如图 13 – 10 所示（以 SIEMENS S7 为例）。

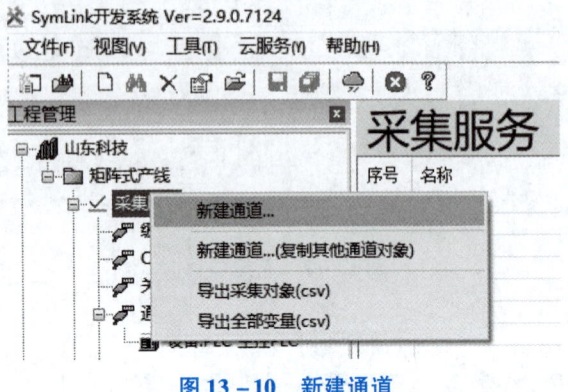

图 13 – 10　新建通道

单击"通道配置"栏的 ![] 按钮，然后在列表中选择对应硬件设备的协议驱动，如图 13 – 11 所示。

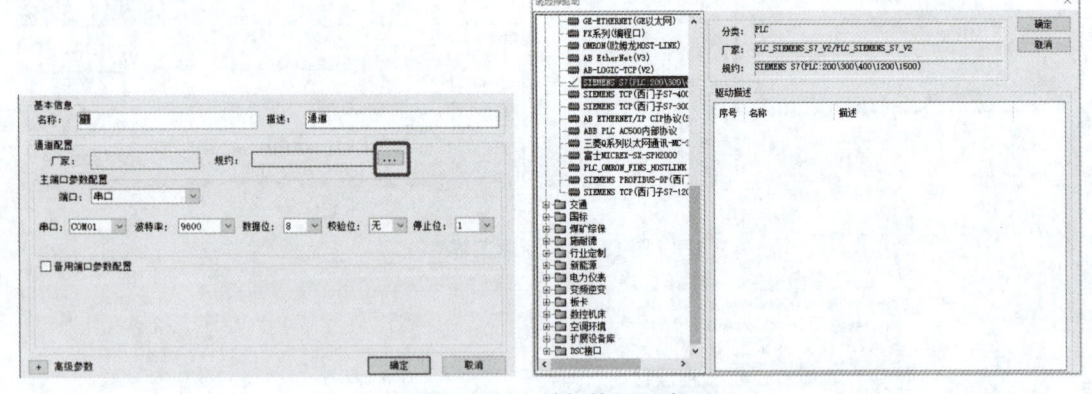

图 13 – 11　选择协议驱动

主端口参数配置栏下的端口选择"TCP 客户端"，查询 PLC 设备的 IP 地址并填入远程 IP，远程端口使用默认值（102）；本地 IP 填写网关的 IP 地址（1 口默认 IP：192.168.0.245），如图 13 – 12 所示。最后单击"确定"按钮，完成采集通道的创建。

2）新建设备

选中新建好的通道并调出右键菜单，单击选项"新建设备"（见图 13 – 13），设定设备基本信息（如名称），参数配置栏使用默认参数，单击"确定"按钮完成采集设备（例如 PLC）的新建。

3）新建采集点

单击创建好的设备，选择 IO 点参数后，在灰色处调出右键菜单，选择新建 IO 点，如图 13 – 14 所示。

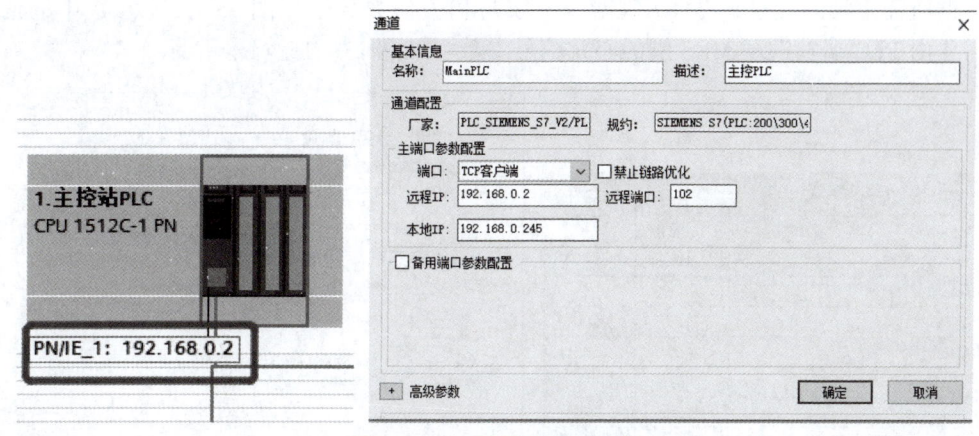

工作任务十三　配合巷道式仓储的智能铣削加工

图 13 – 12　配置主端口参数

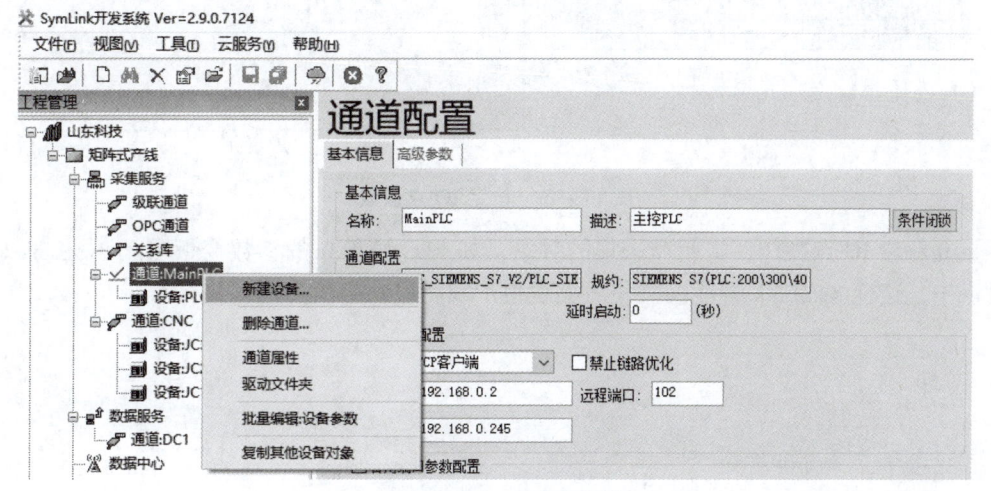

图 13 – 13　新建设备

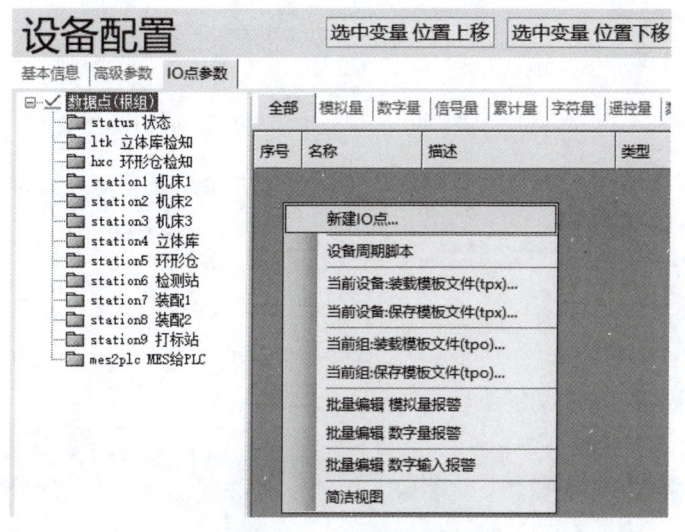

图 13 – 14　新建 IO 点

根据所需采集的变量，在 IO 数据点中填写相关参数。根据图 13-15（a）中的信息，创建需要由 PLC 端发送至 MES 端的心跳信号参数，如图 13-15（b）所示。

MES_接收PLC数据	DB118	DB118
心跳信号	Bool	0.0
立体库_手\自动	Bool	0.1
环形仓_手\自动	Bool	0.2
机床1_手\自动	Bool	0.3
机床2_手\自动	Bool	0.4
机床3_手\自动	Bool	0.5
检测站_手\自动	Bool	0.6
装配1_手\自动	Bool	0.7
装配2_手\自动	Bool	1.0
质检打标_手\自动	Bool	1.1
主控_手\自动	Bool	1.2

（a） （b）

图 13-15 设定 IO 点参数

重复新建 IO 点操作，将所需采集的对象（如 PLC 设备）的参数变量写入 SymLink 软件变量表中，这样 SymLink 智能网关便可实现生产线相应状态信息的采集。

四、工作页

学院		专业	
姓名		学号	

（1）配置智能三轴铣削加工单元的网关采集数据。

数控机床与智能网关设备 SymLink 间，通过 OPC – UA 通信协议实现数据的采集。参照 PLC 设备采集配置的操作方法，完成数控机床的采集配置。

①新建采集通道

右键单击新建好的"工程管理"下面的"采集服务"，选择"新建通道"，如图 13 – 16 所示。

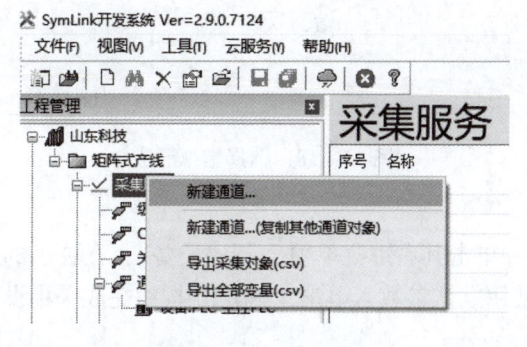

图 13 – 16　新建通道

选择对应硬件设备的协议驱动，如图 13 – 17 所示。

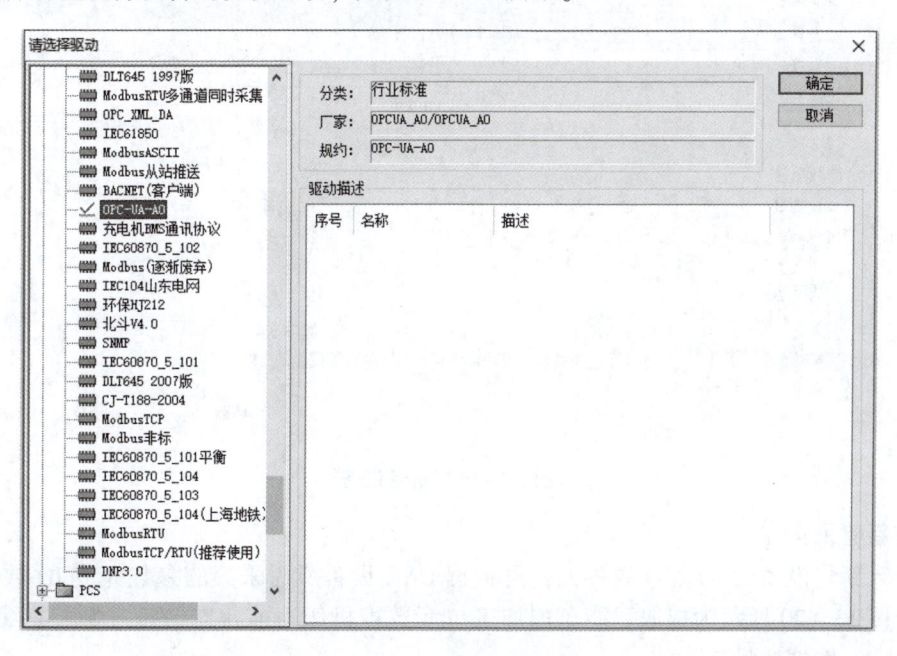

图 13 – 17　选择协议驱动

设置主端口参数,选择"虚拟通道",如图 13-18 所示。

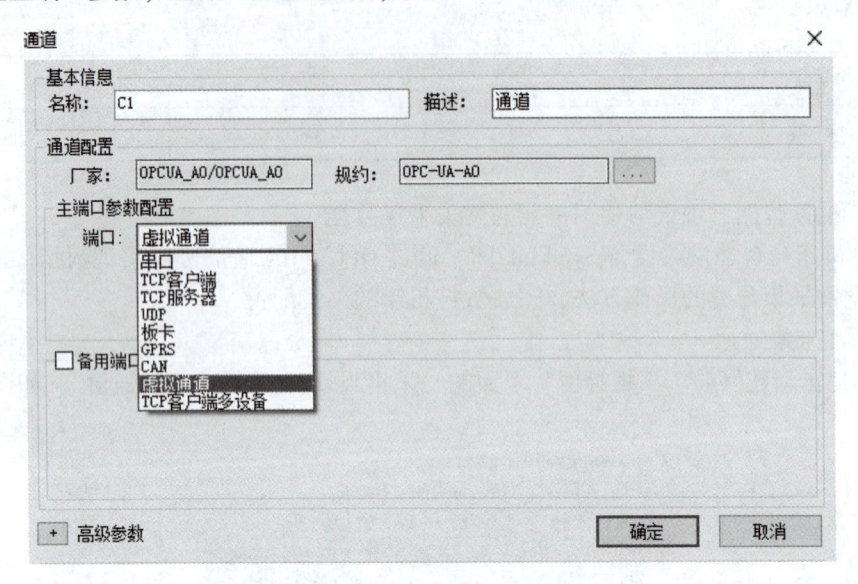

图 13-18　选择虚拟通道

②新建设备。

选中创建好的通道并单击其右键菜单项"新建设备",在弹出的对话框中设定设备基本信息,"参数配置"栏使用默认参数,单击"确定"按钮完成采集设备的新建,如图 13-19 所示。

图 13-19　新建设备

③新建采集点。

进入新建设备的 IO 点参数界面,可根据 CNC 设备所需采集的参数完成 IO 数据点的写入。图 13-20 所示为提取智能车削加工单元数控机床当前状态信息(数控厂家提供)的 SymLink 软件变量表。

序号	名称	描述	类型	权限	采集周期	单位(编...	初值	云标签	云阈值	提交	标记	CT&PT	系数	阈值	NSIndex	订阅	ID.Type	M.格式	M.地址
1	JC1_JX_X	X轴机械坐标	字符量	只读	1000				0.0100	0	0	--	--	--	2	1	0	0	0
2	JC1_JX_Z	Z轴机械坐标	字符量	只读	1000				0.0100	0	0	--	--	--	2	1	0	0	0
3	JC1_GJ_X	X轴工件坐标	字符量	只读	1000				0.0100	0	0	--	--	--	2	1	0	0	0
4	JC1_GJ_Z	Z轴工件坐标	字符量	只读	1000				0.0100	0	0	--	--	--	2	1	0	0	0
5	JC1_ZZ_SD	主轴实际速度	数字量	只读	1000				0.0100	0	0	--	--	--	2	1	0	0	0
6	JC1_JJ_SD	实际进给速度	数字量	只读	1000				0.0100	0	0	--	--	--	2	1	0	0	0
7	JC1_DJH	当前刀具号	数字量	只读	1000				0.0100	0	0	--	--	--	2	1	0	0	0
8	JC1_CXYXSJ	当前程序运行时间	数字量	只读	1000				0.0100	0	0	--	--	--	2	1	0	0	0

图 13－20　SymLink 软件变量表

（2）根据生产流程完成联机模式的准备，并正确填写表单，见表 13－2。

表 13－2　奖杯杯身铣削加工生产流程的准备工作任务单

操作步骤及注意事项	单元名称				
	中央控制单元	智能三轴铣削加工单元	智能巷道仓储单元	智能环形仓储单元	智能检测单元
合上主控柜的所有断路器	√				
按下“系统上电”按钮，主控柜控制面板上的绿灯亮起	√				
确认 PLC、交换机、网关上电正常，且无报警	√				
确认主控触摸屏上各站的通信状态是否正常、有无异常报警、是否在自动与联机状态，然后按下“自动启动”按钮，主站进入自动模式状态，主控准备好，等待 MES 下发任务即可	√				
设备上电完成，气源正常		√	√	√	√
机器人上电，机器人模式调整为“自动”模式，在示教器上确认模式切换		√		√	√
加工中心上电，NC 电源开启，进给、倍率开启，机床自动开启，确认机床轴位置，卡盘安全门在松开状态（若轴不在安全位置，则需手动调用一次定位程序），确定刀具参数以及刀具位置无误		√			

续表

操作步骤及注意事项	单元名称				
	中央控制单元	智能三轴铣削加工单元	智能巷道仓储单元	智能环形仓储单元	智能检测单元
PLC 上电正常，无报警		√		√	√
确认快换工具放置位置、方向是否正确		√			√
手动模式下，在主页面单击"单机/联机"按钮，使设备进入联机模式。 注意："单机/联机"模式，只能在设备处于手动状态下才能切换		√		√	√
手动模式下，在主页面单击"联机模式开启"，使设备进入联机模式。 注意："单机/联机"模式，只能在设备处于手动状态下才能切换			√		
PLC 上电正常，无报警，X、Y、Z 轴回原点完成（轴就绪后，在确认各轴处于安全无干涉的情况下，可单击"一键回零"使三轴伺服回原点完成）			√		
确认并打开三坐标机电源开关，打开三坐标机电脑，并打开 NET.DMIS 软件，三坐标机回零，开启软件后默认弹出机器回零窗口，若 X、Y、Z 三轴开机后不在零点位置，单击"开始"按钮，机器执行自动回零点操作。在菜单栏中单击专用软件，下拉找到"自动化"按钮并单击进入，勾选"PLC 连接"，并单击下方"运行"按钮进行机器与 PLC 之间的网络连接					√

续表

操作步骤及注意事项	单元名称				
	中央控制单元	智能三轴铣削加工单元	智能巷道仓储单元	智能环形仓储单元	智能检测单元
将机器视觉设置成准备状态：开机，打开软件，确认处于通信状态					√
按下"自动启动"按钮，使设备进入"自动"模式中（联机自动模式，三色灯绿灯常亮），联机自动模式开启完成，等待 MES 下发任务即可		√	√	√	√

3. 启动 AGV 小车和 MES 操作系统

1）启动 AGV 小车

（1）按下电源键，AGV 小车后方"急停"键旁边的黑色按钮就是"电源"键，按下"电源"键就会开机。

（2）查看 AGV 指示灯，显示绿色，表示 AGV 小车启动成功。

2）启动 MES 操作系统

（1）启动 activemq.bat，双击打开即可（需要等待 1 min）。

（2）启动 Startup.bat，双击打开即可（需要等待 1 min）。

4. 登录 MES 系统下发生产任务

1）奖杯杯身毛料的入库

以生产计划员的角色登录 MES 系统，当出现如图 13-21 所示已经登录角色信息不符合要求时，可以通过切换角色操作，切换到计划员状态登录。

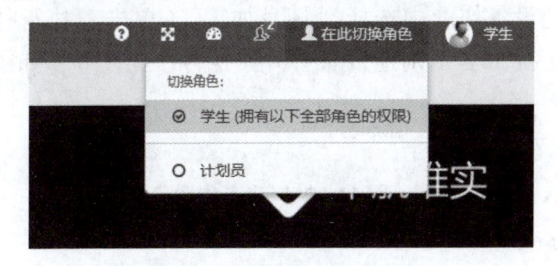

图 13-21　登录 MES 系统

选择"杯身杯底毛料（入立体库）"，单击"保存"，再单击"提交入库单"，系统自动生成入库编号（见图 13-22），等待毛料入库。

图 13-22　入库编号（手工入库）

在接驳机构上放置托盘及杯身毛料(即奖杯杯身毛坯件),系统安排其自动入库,当现场设备完成入库时,"待入库"状态会变成"可用"状态。

2)生产订单的录入

在订单录入界面的"产品工艺"中选择"杯身","排产方式"选择"正向排产","日期"中设定好开始生产日期,如图13-23所示,再单击"提交"。

*订单编号:	系统自动生成		*产品物料:	杯身
*产品工艺:	杯身		*日期:	2022-04-15
*需求数量:	1			
*排产方式:	正向排产			

图13-23 生产订单录入

3)生产订单的审批

生产订单录入完成,生产主管在代办任务中查看订单信息后,可填写审批意见,单击"签收",最后单击"提交"同意生产该生产计划员所提交的订单。

4)生产计划的下发

在生产订单录入界面的操作栏中单击"运算",生成生产计划。在生产计划下发界面中勾选"杯身加工",单击"计划下发",完成生产计划下发的操作。

5)设备作业派工

在设备作业派工界面中勾选作业任务"杯身加工",单击"设备作业派工"。在设备选择页面中选择"杯身加工",并确定,则该作业任务的状态切换为"已派工",如图13-24所示。

产品物料名称	工序名称	加工单元名称	加工单元类型	计划开工日期	计划完工日期	工时(h)	任务状态
杯身	杯身加工	零件加工单元	设备作业单元	2022-04-15	2022-04-15	2	已派工

图13-24 已完成作业派工

6)设备作业

在生产执行中心的设备作业中选择"杯身加工",单击"执行任务",让设备开始执行生产作业任务。在等待30 s后对应设备会开始执行作业任务,如图13-25所示。

杯身加工	SDKJ-05	杯身加工	执行中

图13-25 设备作业

7)生产信息监控

在信息监控中心,可通过大屏总体监控、立体库仓储看板、设备运行监控1、设备运行监控2、设备运行监控3,对MES系统的各项数据进行监控。

五、评价反馈

评价项目	分值	序号	评分标准	评分分值	自评	师评
职业素养	20 分	①	遵守操作规程，养成严谨科学的工作态度	缺乏规范扣 5 分		
		②	尊重他人劳动，不窃取他人成果，即独立完成工作任务	缺乏素养扣 5 分		
		③	严格执行 5S 现场管理	不达标扣 5 分		
		④	积极出勤，工作态度良好	不达标扣 5 分		
知识准备	30 分	①	了解配合巷道立体库应用的智能铣削加工生产流程	不了解，每错一处扣 1 分，共 5 分		
		②	了解基于 SymLink 工业物联网智能网关的 OPC 采集方案问题	不了解，每错一处扣 1 分，共 5 分		
		③	了解 SymLink 智能网关项目工程的新建方法	不了解，每错一处扣 2 分，共 10 分		
		④	了解 SymLink 智能网关及采集配置方法	不了解，每错一处扣 2 分，共 10 分		
任务实施	50 分	①	能正确完成各生产单元的联机准备	能正确完成各生产单元的联机准备，每错一处扣 5 分，共 20 分		
		②	能正确配置 SymLink 网关采集的配置参数	能正确配置 SymLink 网关采集的配置参数，得 5 分		
		③	完成 AGV 小车和 MES 系统的启动	能正确完成启动，得 5 分		
		④	能在 MES 系统中正确下发生产任务	能正确完成 MES 系统相关操作，得 20 分		

工作任务十四

配合环形仓储的智能装配

一、任务目标

按照工单流程，对智能巷道仓储单元、智能环形仓储单元、智能车削加工单元、智能三轴铣削加工单元、质检打标单元、工业机器人系统、AGV 以及 MES 系统联调操作，最终完成配合智能巷道仓储单元的装配实训。

【知识目标】

(1) 了解配合智能环形仓储单元装配的生产流程；
(2) 了解 SymLink 软件转发的配置方法；
(3) 了解网关工程下载和监视的方法。

【能力目标】

(1) 能正确完成各设备单站的联机准备；
(2) 能正确完成 AGV 小车的启动；
(3) 能正确完成 MES 系统的启动；
(4) 能在 MES 系统中正确下发生产任务。

【素养目标】

(1) 精益求精的工匠精神；
(2) 持续主动的学习习惯；
(3) 敏锐的信息技术素养。

二、前期准备

1. 技能基础

(1) 掌握制造执行系统（MES）的操作与应用；
(2) 掌握 AGV 及调度系统的操作与应用；
(3) 掌握智能制造系统加工、检测、仓储等各单元的功能；
(4) 掌握杯身、杯底相关的产品装配工艺。

2. 仪器设备

仪器设备涉及中央控制单元、智能车削加工单元、智能三轴铣削加工单元、智能组装单元、智能总装单元、智能巷道仓储单元、智能环形仓储单元、质检打标单元、AGV 小车、刀具、游标卡尺和末端执行器。

三、信息页

1. 配合智能环形仓储单元的装配生产流程

本任务生产流程是奖杯杯身和底座的加工装配（含激光打标），经过的站点顺序如图 14-1 所示。

智能巷道仓储单元 → 智能车削加工单元 → 智能三轴铣削加工单元 → 智能组装单元 → 质检打标单元 → 智能环形仓储单元

图 14-1 奖杯杯身经过的站点

配合智能巷道仓储单元应用的铣削加工生产流程：奖杯杯身和底座毛料由智能巷道仓储单元出库，底座毛料在智能车削加工单元进行车削加工，杯身毛料由智能三轴铣削加工单元进行铣削加工。加工后的底座和杯身零件转送至智能组装单元组装成奖杯（半成品），再经智能总装单元装配成奖杯（成品），最后送至智能环形仓储单元入库。

2. SymLink 网关的转发配置

SymLink 网关做好数据采集后，需进一步进行转发配置，方可将采集的数据转发给 MES 系统，然后 MES 系统对这些数据进行处理，从而实时了解设备的运行状态，如设备进行到哪一步、下一步什么时候执行。

1）新建转发通道

选择数据服务的右键菜单项"新建通道"，如图 14-2 所示。

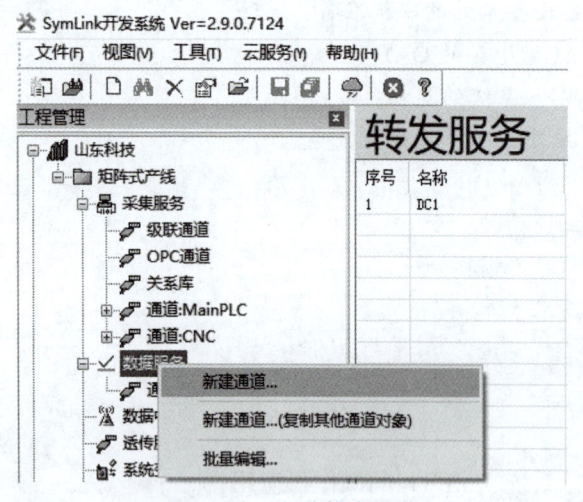

图 14-2 新建转发通道

在弹出的页面中选择对应硬件设备的协议驱动和端口，完成如图 14-3 所示参数的设置。其中，远程 IP 地址和端口根据 MES 系统 MQTT 服务器实际参数进行设定。

2）添加转发点

点开创建好的通道，选择 DS 点参数后，在灰色处调出右键菜单，单击"加载采集信息"，如图 14-4 所示。

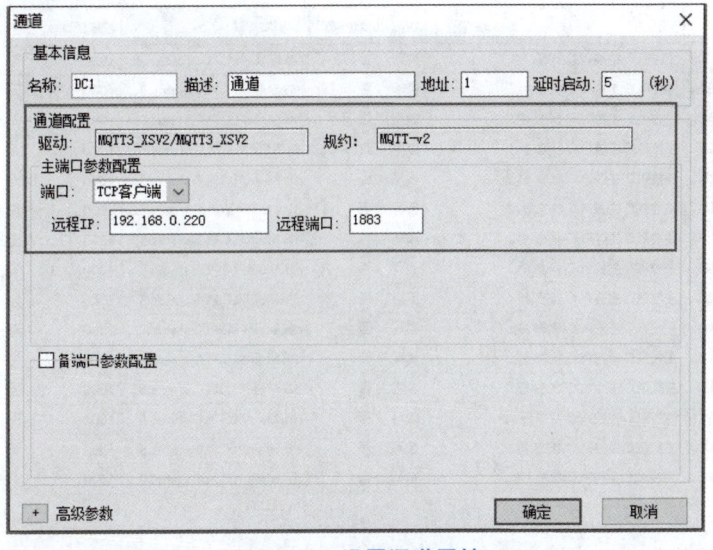

图 14-3 设置通道属性

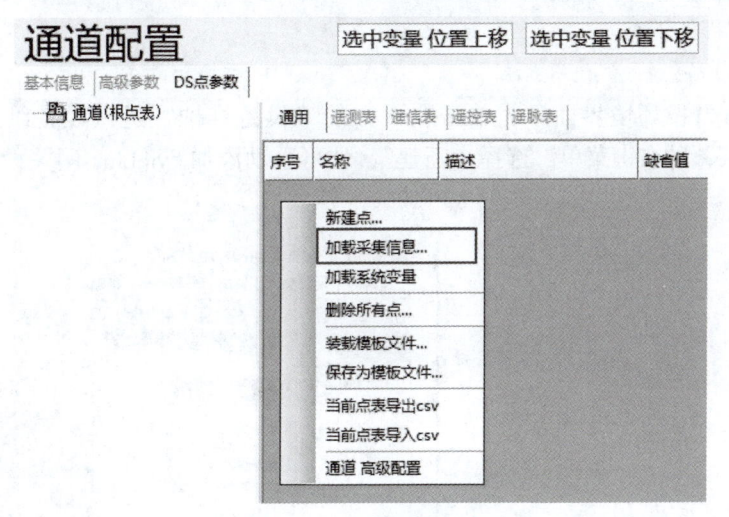

图 14-4 加载采集信息

单击加载采集信息后,在映射采集点界面中勾选需转发的采集通道或设备(见图 14-5),即可将所选采集通道或设备中的所有采集点添加到转发列表(见图 14-6)中。

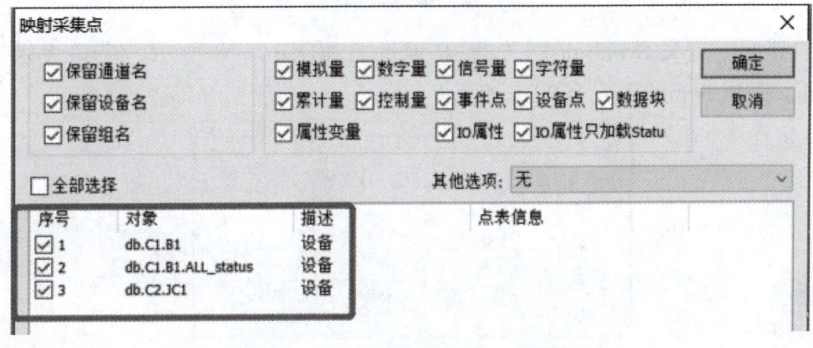

图 14-5 勾选采集设备(通道)

序号	名称	描述	缺省值	权限	变化通知	数据库关联	扫描周期(...	系数开关	系数
1	IoStatus	主控PLC 主控PLC 状态		读写	否	db.MainPLC.PLC.IoStatus	1000	无	1.00000
2	PLC2MES_HEA...	主控PLC 主控PLC 状态 PL...		读写	否	db.MainPLC.PLC.status.P...	1000	无	1.00000
3	PLC_HAND_AU...	主控PLC 主控PLC 状态 主...		读写	否	db.MainPLC.PLC.status.P...	1000	无	1.00000
4	S1_HAND_AUT...	主控PLC 主控PLC 状态 机...		读写	否	db.MainPLC.PLC.status.S...	1000	无	1.00000
5	S2_HAND_AUT...	主控PLC 主控PLC 状态 机...		读写	否	db.MainPLC.PLC.status.S...	1000	无	1.00000
6	S3_HAND_AUT...	主控PLC 主控PLC 状态 机...		读写	否	db.MainPLC.PLC.status.S...	1000	无	1.00000
7	S4_HAND_AUT...	主控PLC 主控PLC 状态 立...		读写	否	db.MainPLC.PLC.status.S...	1000	无	1.00000
8	S5_HAND_AUT...	主控PLC 主控PLC 状态 环...		读写	否	db.MainPLC.PLC.status.S...	1000	无	1.00000
9	S6_HAND_AUT...	主控PLC 主控PLC 状态 检...		读写	否	db.MainPLC.PLC.status.S...	1000	无	1.00000
10	S7_HAND_AUT...	主控PLC 主控PLC 状态 装...		读写	否	db.MainPLC.PLC.status.S...	1000	无	1.00000
11	S8_HAND_AUT...	主控PLC 主控PLC 状态 装...		读写	否	db.MainPLC.PLC.status.S...	1000	无	1.00000
12	S9_HAND_AUT...	主控PLC 主控PLC 状态 质...		读写	否	db.MainPLC.PLC.status.S...	1000	无	1.00000
13	S1_SINGLE_UNITE	主控PLC 主控PLC 状态 机...		读写	否	db.MainPLC.PLC.status.S...	1000	无	1.00000
14	S2_SINGLE_U...	主控PLC 主控PLC 状态 机...		读写	否	db.MainPLC.PLC.status.S...	1000	无	1.00000
15	S3_SINGLE_U...	主控PLC 主控PLC 状态 机...		读写	否	db.MainPLC.PLC.status.S...	1000	无	1.00000

图 14 – 6　转发列表示例

3. 网关工程的下载和监视

1）网关工程的下载

（1）添加设备。

在 SymLink 开发环境界面下，单击左下方的"设备维护"进入设备维护的功能界面，调出"设备列表"的右键菜单，选择"新建"，便可手动添加 SymLink 网关设备，如图 14 – 7 所示。

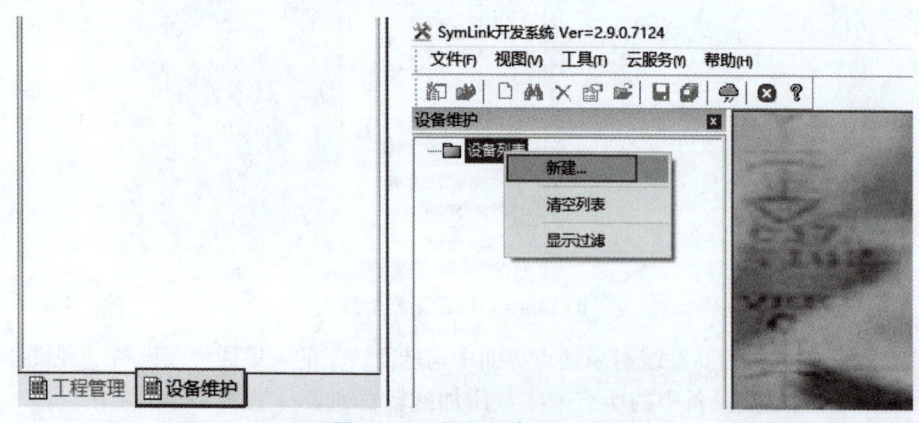

图 14 – 7　添加设备（一）

在弹出的界面中定义 SymLink 网关的 IP 地址，如图 14 – 8 所示，端口无须定义。单击"确定"按钮，完成 SymLink 设备的添加。

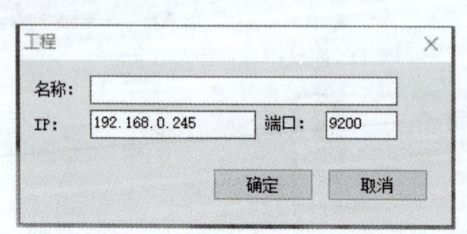

图 14 – 8　定义欲管理的网关 IP

(2) 设备登录。

在"设备维护"页中的"设备列表"下,双击需要下载网关工程的设备,然后在弹出的对话框中单击"登录",如图 14-9 所示。

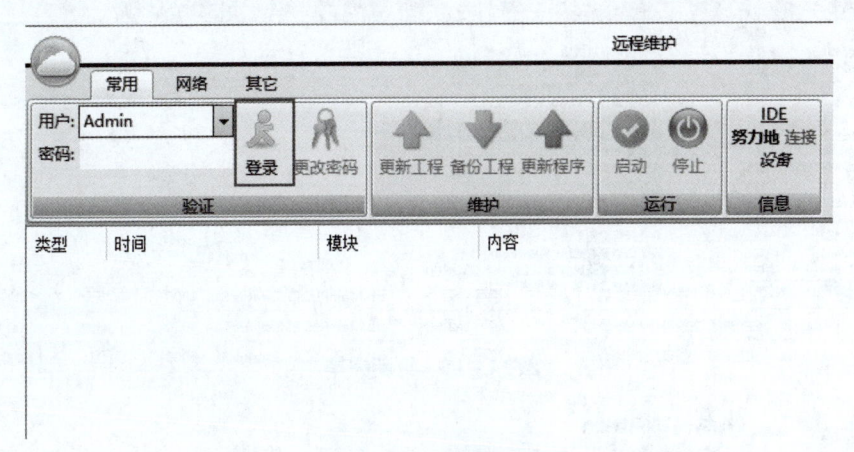

图 14-9 登录设备

(3) 更新工程。

登录成功后,单击"更新工程"(见图 14-10),然后在工程更新界面单击右上方的按钮,进入选择本机工程的界面,选择要更新(即下载)到 SymLink 网关中的工程。

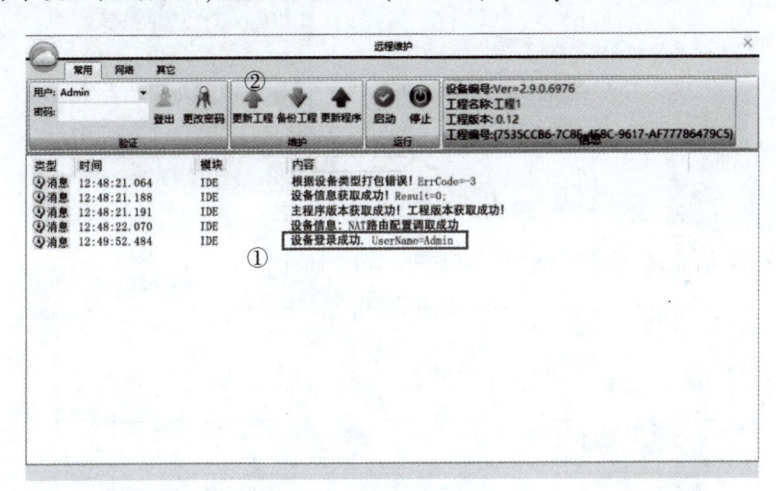

图 14-10 更新工程

单击"确定"按钮后,便开始工程及相关程序的下载。工程更新完成(见图 14-11)后,SymLink 会自动重启,使得新的工程生效。

注:重新连接后,"远程维护"界面需要重新登录。

2) 网关工程的监视

(1) 添加设备。

首先单击 NMCV2.exe 文件运行网管系统软件,然后调出设备列表的右键菜单(见图 14-12),选择"添加"。

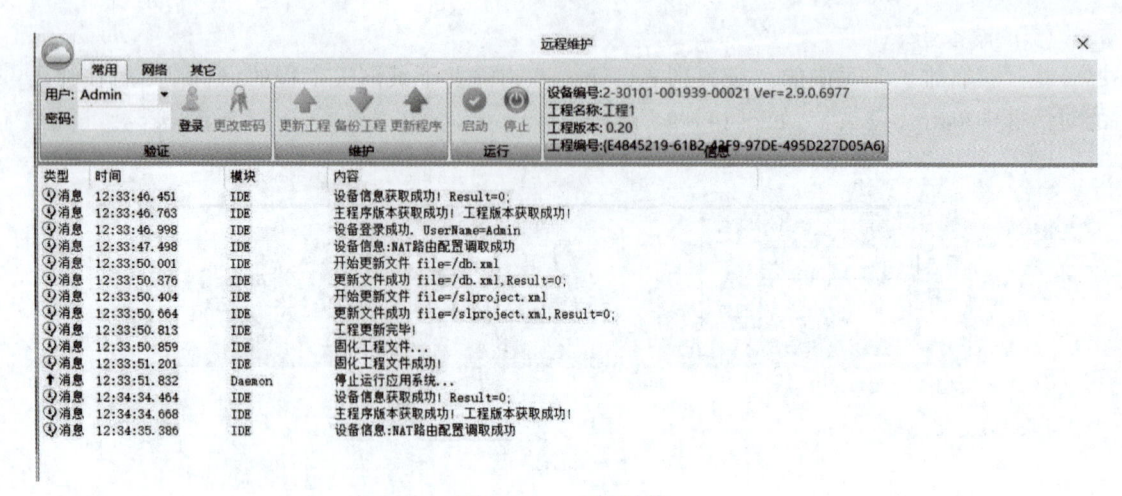

图 14-11　更新完毕

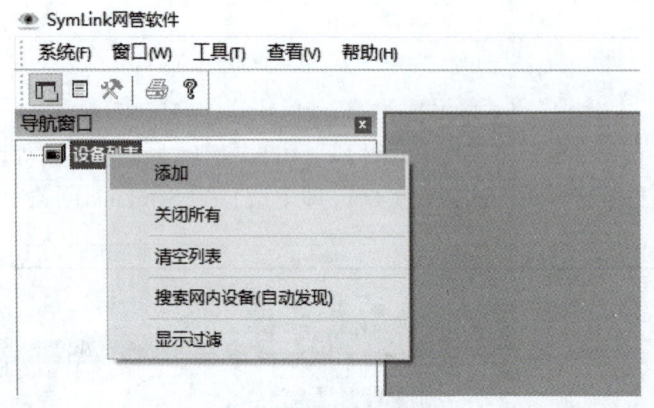

图 14-12　添加设备（二）

将网关的相关信息填入对话框中，如图 14-13 所示。

图 14-13　填入信息

(2) 查看设备数据。

双击"设备列表"下的 SymLink 设备，即可连接 SymLink 设备。如设备可正常访问，将默认看到设备数据的界面，如图 14-14 所示。

工作任务十四　配合环形仓储的智能装配

图14-14　监视状态

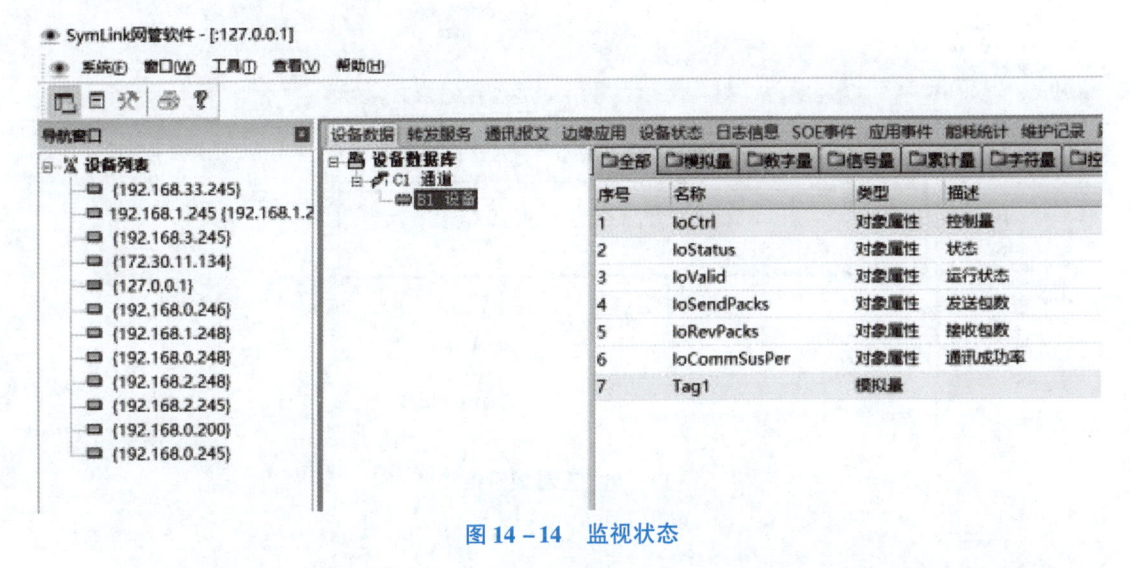

单击设备数据库下面的节点加号，便可看见每个通道及设备下的实时数据，如图14-15所示。

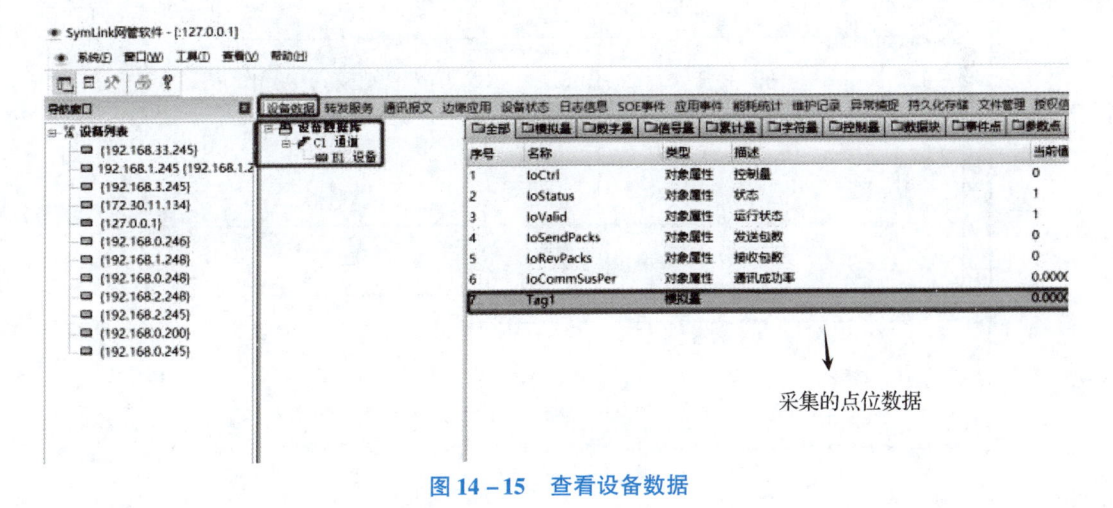

采集的点位数据

图14-15　查看设备数据

（3）查看通讯报文。

单击页面上的"通讯报文"进入通讯报文界面，单击下拉选择箭头，可选择想查看的通道，单击"更新列表"按钮，在下方文本框中会实时显示所选通道下当前抓取的报文，如图14-16所示。

注：如遇到与底层设备的链路建立，但测点无数据或数据错误时，可以通过通讯报文来诊断是IO驱动的问题还是配置的问题。

（4）查看或更改产品授权。

单击"授权信息"，选择"在线查询"，可以查看网关的授权信息，如图14-17所示。如产品未授权或需要更改产品授权，将从厂商处获取到的授权码（提供设备编号获取）粘贴到设置授权的文本框中，单击"在线设置"即可。

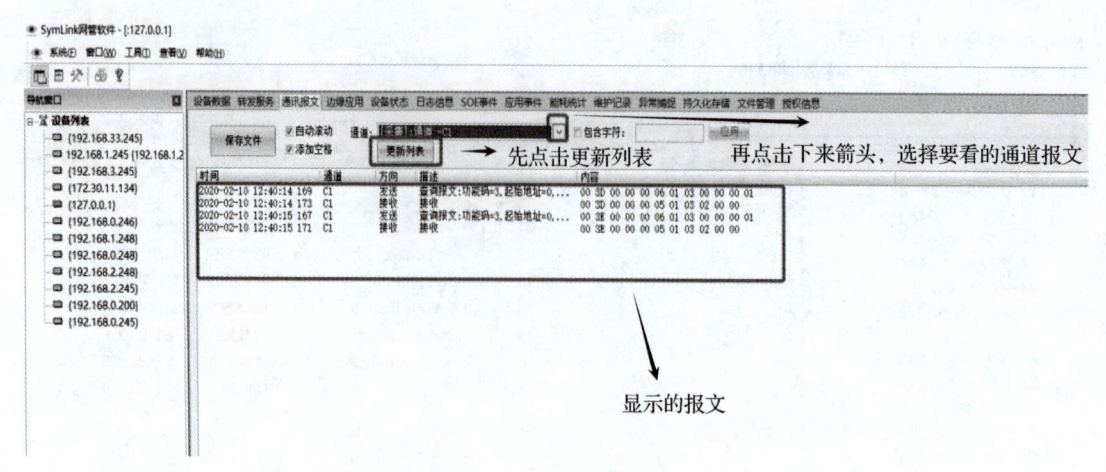

图 14-16　查看通讯报文

图 14-17　查看授权信息

四、工作页

学院		专业	
姓名		学号	

（1）识读资料，完成各生产单元联机模式的准备，见表 14-1~表 14-8。

表 14-1　中央控制单元联机准备操作

序号	操作步骤及方法
1	合上主控柜的所有断路器
2	按下"系统上电"，主控柜控制面板上的绿灯亮起
3	确认 PLC、交换机、网关上电正常，且无报警
4	确认主控触摸屏上各站的通信状态是否正常、有无异常报警、是否在自动与联机状态，然后按下"自动启动"按钮，主站进入自动模式状态，主控准备好，等待 MES 下发任务即可

表 14-2　智能车削加工单元联机模式准备

序号	操作步骤及方法
1	设备上电完成，气源正常
2	机器人上电，机器人模式调整为"自动"，在示教器上确认模式切换
3	数控车床上电，NC 电源开启，进给、倍率开启，机床自动开启，确认机床轴位置，卡盘安全门在松开状态（若轴不在安全位，则需手动调用一次定位程序），确定刀具参数以及刀具位置无误
4	PLC 上电正常，无报警
5	确认快换工具放置位置、方向是否正确
6	手动模式下，在主页面单击"单机/联机"按钮，使设备进入联机模式。 注意："单机/联机"模式，只能在设备处于手动状态下才能切换
7	按下"自动启动"按钮，使设备进入"自动"模式中（联机自动模式，三色灯绿灯常亮），联机自动模式开启完成，等待 MES 下发任务即可

表 14-3　智能三轴铣削加工单元联机模式准备

序号	操作步骤及方法
1	设备上电完成，气源正常
2	机器人上电，机器人模式调整为"自动"，在示教器上确认模式切换

序号	操作步骤及方法
3	加工中心上电，NC 电源开启，进给、倍率开启，机床自动开启，确认机床轴位置，卡盘安全门在松开状态（若轴不在安全位，则需手动调用一次定位程序），确定刀具参数以及刀具位置无误
4	PLC 上电正常，无报警
5	确认快换工具放置位置、方向是否正确
6	手动模式下，在主页面单击"单机/联机"按钮，使设备进入联机模式。 注意："单机/联机"模式，只能在设备处于手动状态下才能切换
7	按下"自动启动"按钮，使设备进入"自动"模式中（联机自动模式，三色灯绿灯常亮），联机自动模式开启完成，等待 MES 下发任务即可

表 14-4　智能组装单元联机模式准备

序号	操作步骤及方法
1	设备上电完成，气源正常
2	机器人上电，机器人模式调整为"自动"，在示教器上确认模式切换
3	确认存校徽机构中有校徽
4	PLC 上电正常，无报警
5	确认快换工具放置位置、方向是否正确
6	手动模式下，在主页面单击"单机/联机"按钮，使设备进入联机模式。 注意："单机/联机"模式，只能在设备处于手动状态下才能切换
7	按下"自动启动"按钮，使设备进入"自动"模式中（联机自动模式，三色灯绿灯常亮），联机自动模式开启完成，等待 MES 下发任务即可

表 14-5　智能总装单元联机模式准备

序号	操作步骤及方法
1	设备上电完成，气源正常
2	机器人上电，机器人模式调整为"自动"，在示教器上确认模式切换
3	确认供螺丝机构有螺丝
4	PLC 上电正常，无报警
5	确认快换工具放置位置、方向是否正确
6	手动模式下，在主页面单击"单机/联机"按钮，使设备进入联机模式。 注意："单机/联机"模式，只能在设备处于手动状态下才能切换

续表

序号	操作步骤及方法
7	按下"自动启动"按钮,使设备进入"自动"模式中(联机自动模式,三色灯绿灯常亮),联机自动模式开启完成,等待 MES 下发任务即可

表 14-6　智能巷道仓储单元联机模式准备(扫码获取全部内容)

序号	操作步骤及方法
1	设备上电完成,气源正常
2	PLC 上电正常,无报警,X、Y、Z 轴回原点完成(轴就绪后,在确认各轴处于安全无干涉的情况下,可单击"一键回零"使三轴伺服回原点完成)
3	手动模式下,在主页面单击"单机/联机"按钮,使设备进入联机模式。 注意:"单机/联机"模式,只能在设备处于手动状态下才能切换
4	按下"自动启动"按钮,使设备进入"自动模式中"(联机自动模式,三色灯绿灯常亮)、联机自动模式开启完成,等待 MES 下发任务即可

表 14-7　智能环形仓储单元联机模式准备

序号	操作步骤及方法
1	设备上电完成,气源正常
2	机器人上电,机器人模式调整为"自动",在示教器上确认模式切换
3	PLC 上电正常,无报警
4	手动模式下,在主页面单击"单机/联机"按钮,使设备进入联机模式。 注意:"单机/联机"模式,只能在设备处于手动状态下才能切换
5	按下"自动启动"按钮,使设备进入"自动"模式中(联机自动模式,三色灯绿灯常亮),联机自动模式开启完成,等待 MES 下发任务即可

表 14-8　质检打标单元联机模式准备

序号	操作步骤及方法
1	设备上电完成,气源正常
2	机器人上电,机器人模式调整为"自动",在示教器上确认模式切换
3	PLC 上电正常,无报警
4	确认激光打标机上电,电脑开机,然后选择电脑桌面上"CHL"打标文件
5	手动模式下,在主页面单击"单机/联机"按钮,使设备进入联机模式。 注意:"单机/联机"模式,只能在设备处于手动状态下才能切换

续表

序号	操作步骤及方法
6	按下"自动启动"按钮,使设备进入"自动"模式中(联机自动模式,三色灯绿灯常亮),联机自动模式开启完成,等待 MES 下发任务即可

2. 启动 AGV 小车和 MES 操作系统

1)启动 AGV 小车

(1)按下电源键,AGV 小车后方"急停"键旁边的黑色按钮就是"电源"键,按下"电源"键就会开机。

(2)查看 AGV 指示灯,显示绿色,表示 AGV 小车启动成功。

2)启动 MES 操作系统

(1)启动 activemq.bat,双击打开即可(需要等待 1 min)。

(2)启动 Startup.bat,双击打开即可(需要等待 1 min)。

3. 登录 MES 系统下发生产任务

1)奖杯杯身杯底毛料的入库

以生产计划员的角色,登录 MES 系统。

选择"杯身杯底毛料(入立体库)",单击"保存",再单击"提交入库单",系统自动生成入库编号(见图 14-18),等待毛料入库。

RK20220424-00001　　　　杯身杯底毛料(入立体库)

图 14-18　入库编号(手工入库)

在接驳机构上放置托盘及杯身杯底毛料,系统安排其自动入库,当现场设备完成入库时,"待入库"状态会变成"可用"状态。

2)生产订单的录入

在订单录入界面的"产品工艺"中选择"奖杯(组装并打标)","排产方式"中选择"正向排产","日期"中设定好开始生产日期,如图 14-19 所示,再单击"提交"。

*订单编号:	系统自动生成			
*产品工艺:	奖杯(组装并打标)	🔍	*产品物料:	奖杯(组装并打标)
*需求数量:	1		*日期:	2022-04-24
*排产方式:	正向排产	▼		

图 14-19　生产订单录入

3)生产订单的审批

生产订单录入完成,生产主管在代办任务中查看订单信息后,可填写审批意见,单击"签收",最后单击"提交"同意生产该生产计划员所提交的订单。

4）生产计划的下发

在生产订单录入界面的操作栏中单击"运算",生成生产计划。在生产计划下发界面中勾选"奖杯（组装并打标）",单击"计划下发",完成生产计划下发的操作。

5）设备作业派工

在设备作业派工界面中勾选作业任务"奖杯（组装并打标）",单击"设备作业派工"。在设备选择页面中选择"奖杯（组装并打标）",并确定。该作业任务的状态切换为"已派工",如图 14 – 20 所示。

| 奖杯(组装并打标) | 奖杯组装(打标) | 成品组装单元 | 设备作业单元 | 2022-04-24 | 2022-04-24 | 2 | 已派工 |

图 14 – 20　完成作业派工

6）设备作业

在生产执行中心的设备作业中选择"奖杯（组装并打标）",单击"执行任务",让设备开始执行生产作业任务。在等待 30 s 后对应设备会开始执行作业任务,如图 14 – 21 所示。

| 奖杯组装(打标) | SDKJ-11 | 奖杯组装(打标) | 执行中 |

图 14 – 21　设备作业

7）生产信息监控

在信息监控中心,可通过大屏总体监控、立体库仓储看板、设备运行监控 1、设备运行监控 2、设备运行监控 3,对 MES 系统的各项数据进行监控。

五、评价反馈

评价项目	分值	序号	评分标准	评分分值	自评	师评
职业素养	20 分	①	遵守操作规程，养成严谨科学的工作态度	缺乏规范扣 5 分		
		②	尊重他人劳动，不窃取他人成果，即独立完成工作任务	缺乏素养扣 5 分		
		③	严格执行 5S 现场管理	不达标扣 5 分		
		④	积极出勤，工作态度良好	不达标扣 5 分		
知识准备	30 分	①	了解配合智能环形仓储单元装配的生产流程	不了解，每错一处扣 5 分，共 10 分		
		②	了解 SymLink 软件转发配置方法	不了解，每错一处扣 5 分，共 10 分		
		③	了解网关工程的下载和监视的方法	不了解，每错一处扣 5 分，共 10 分		
任务实施	50 分	①	能正确完成各设备单站的联机准备	能正确完成各设备单站的联机准备，每错一处扣 5 分，共 20 分		
		②	能正确完成 AGV 小车的启动	能正确完成 AGV 小车的启动，得 5 分		
		③	能正确完成 MES 系统的启动	能正确完成 MES 系统的启动，得 5 分		
		④	能在 MES 系统中正确下发生产任务	能正确完成 MES 系统操作，得 20 分		

工作任务十五

利用生产线完成产品的智能制造

一、任务目标

按照工单流程，对智能仓储单元、智能加工单元、智能检测单元、质检打标单元、智能装配单元、AGV、工业机器人系统以及 MES 系统联调操作，最终完成智能制造综合实训。

【知识目标】

(1) 了解活塞连杆加工并组装打标的智能制造生产流程；
(2) 了解 Modbus TCP 实现 RFID 与 PLC 通信的方法；
(3) 了解 S7 通信实现通信的方法。

【能力目标】

(1) 能正确完成各设备单站的联机准备；
(2) 能正确完成 AGV 小车的启动；
(3) 能正确完成 MES 系统的启动；
(4) 能在 MES 系统中正确下发生产任务。

【素养目标】

(1) 积极的职业心理品质；
(2) 持续主动的学习习惯；
(3) 全局的系统性思维。

二、前期准备

1. 技能基础

(1) 掌握制造执行系统（MES）的操作与应用；
(2) 掌握 AGV 及调度系统的操作与应用；
(3) 掌握智能制造系统装配单元、质检打标单元、仓储单元等的功能；
(4) 掌握活塞连杆相关的产品装配工艺。

2. 仪器设备

仪器设备涉及中央控制单元、智能车削加工单元、智能四轴铣削加工单元、智能三轴铣削加工单元、智能组装单元、智能总装单元、智能检测单元、智能巷道仓储单元、智能环形仓储单元、质检打标单元、AGV 小车、游标卡尺和末端执行器。

三、信息页

1. 智能装配及质检打标生产流程

在智能装配及质检打标生产流程中，活塞、连杆加工和组装经过的站点顺序如图15-1所示。生产流程中，毛料、半成品和成品的流动均由AGV小车接驳。

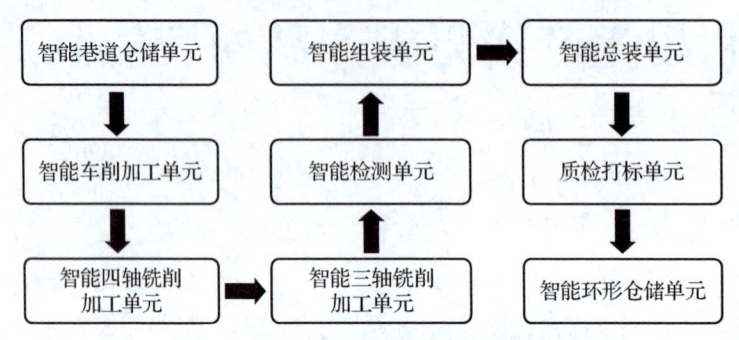

图 15-1　生产流程所经站点顺序示意图

智能装配及质检打标生产流程：活塞、连杆毛料从智能巷道仓储单元出库，活塞毛料在智能车削加工单元进行车削后，其半成品送至智能四轴铣削加工单元进行铣削；连杆毛料送至智能三轴铣削加工单元进行铣削处理为半成品；活塞和连杆的半成品送至智能检测单元检测形位公差后，在智能组装单元进行组成，最后在总装单元将盖板与活塞连杆装配完成活塞连杆的总装；将总装好的活塞连杆部件送至质检打标单元，在其连杆指定位置范围内打上LOGO后，送至智能车环形仓储单元完成成品的入库。

2. Modbus TCP 实现 RFID 读写器和 S7-1200 PLC 通信

1）Modbus TCP 通信协议概述

Modbus-RTU 和 Modbus-TCP 两个协议的本质都是 MODBUS 协议，靠 MODBUS 寄存器地址来交换数据。不过 Modbus RTU 活跃在串行通信领域，常使用 RS-485 或者 RS-232 串口通信，而 Modbus TCP 则应用于以太网通信领域，使用以太网通信，并可支持以太网 POE 供电。

Modbus TCP 协议可以说是业界标准，绝大多数品牌的 PLC 都支持 Modbus TCP 通信协议。

2）建立 Modbus TCP 通信

RFID 硬件连接成功后，在 TIA Portal V16 中打开编写好的西门子 PLC 通信协议程序，然后在 TIA 编程软件的"可访问设备"中搜索到已连接的读写器 IP 地址（如 192.168.0.14）。

Modbus TCP 协议通过"MB_CLIENT"指令（见图15-2），可以在客户端和服务器之间建立连接、发送请求、接收响应并控制 Modbus TCP 服务器的连接终端。

（1）REQ：对 Modbus TCP 服务的 Modbus 查询。

（2）DISCONNECT：控制与 Modbus 服务器建立和终止连接（0：建立通信连接；1：断开通信连接）。

（3）MB_MODE：选择 Modbus 的请求模式或直接选择 Modbus 功能（0：读取；1 和 2：写入）。

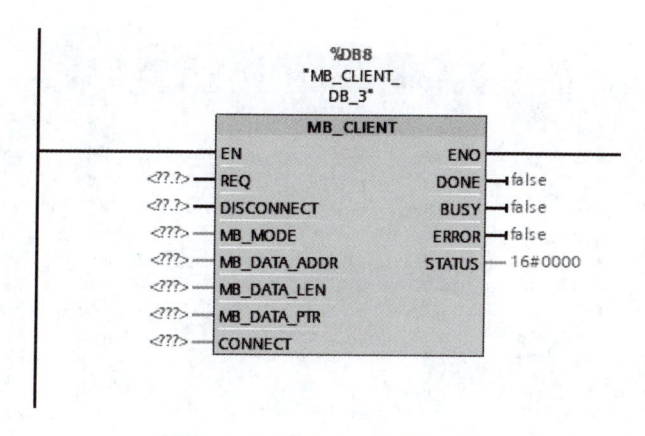

图 15-2　MB_CLIENT 指令

（4）MB_DATA_ADDR：取决于 MB_MODE。
（5）MB_DATA_LEN：数据长度。
（6）MB_DATA_PTR：指向待从 Modbus 服务器接收数据的数据缓冲区或指向待发送到 Modbus 服务器的数据所在数据缓冲区的指针。
（7）：ONNECT：指向连接描述结构的指针。

新建两个数据（DB）块"MyModbusTcp_1"和"RFID 数据"，在数据块"MyModbusTcp_1"中使用 TCON_IP_v4 结构，新建如图 15-3 所示的 CONNECT 参数，并将读写器（RFID）的 IP 地址填入数据块的"ADDR"参数中，读写器的端口填入数据块的"RemotePort"中。

当现场排布多个 RFID 高频读写器时，只需要调用多个 DB 程序块修改成对应的 IP 地址访问，便可轻松实现采集多组数据。

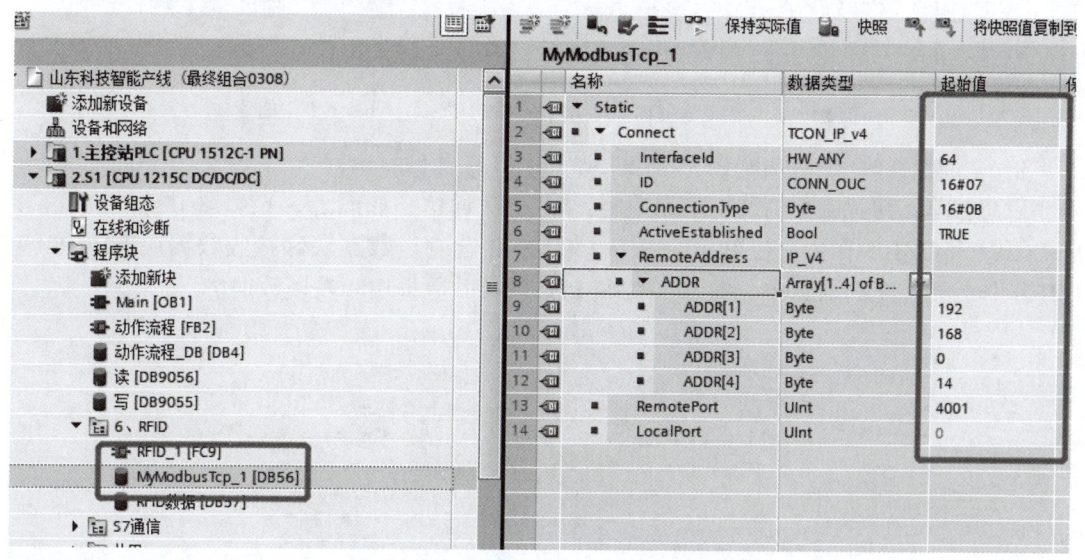

图 15-3　数据块"MyModbusTcp_1"

在数据块"RFID 数据"中新建如图 15-4 所示的 RFID 数据参数，根据实际需求应用"MB_CLIENT"指令的各项参数。例如图 15-5 所示为智能车削加工单元中应用的"MB_CLIENT"指令。

图 15-4 数据块"RFID 数据"

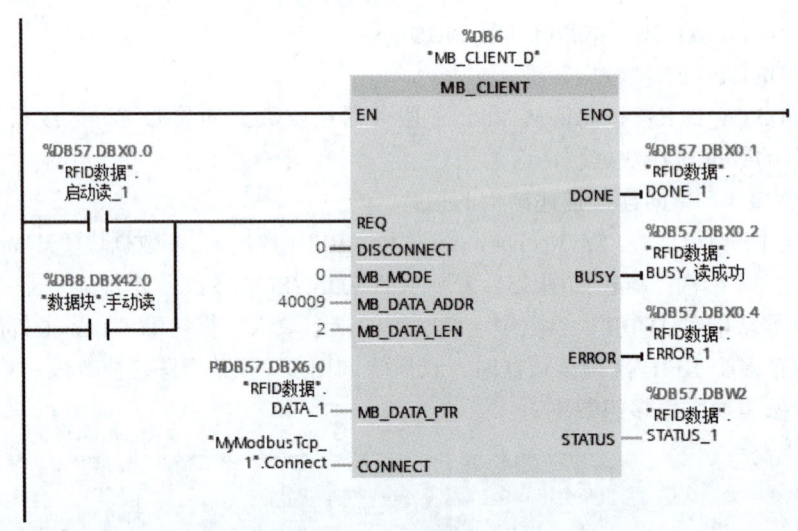

图 15-5 智能车削加工单元中应用的"MB_CLIENT"指令

3. S7 通信实现 S7-1200 PLC 与 S7-1500 PLC 通信

以总控单元与智能车削加工单元为例,建立 S7 通信,如图 15-6 和图 15-7 所示。其中 DB104 和 DB105 作为总控单元的 S7-1500 PLC 端发送数据块和接收数据块,DB100 和 DB101 作为智能车削加工单元的 S7-1200 PLC 端接收数据块和发送数据块。

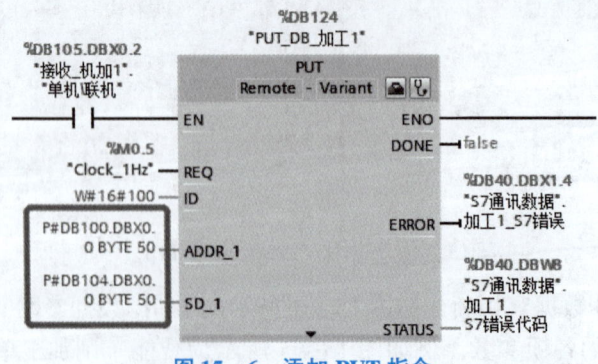

图 15-6 添加 PUT 指令

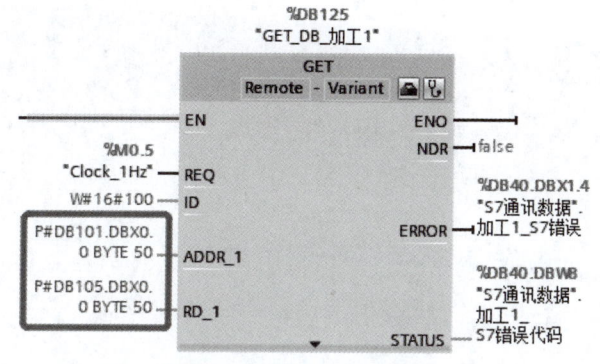

工作任务十五　利用生产线完成产品的智能制造

图 15-7　添加 GET 指令

通过同一项目文件夹中新建两个 S7 站点，实现心跳信号、急停、复位、手动/自动、单机/联机等信号在总控单元 PLC 与智能车削加工单元间的收发，如图 15-8 和图 15-9 所示。

	名称	数据类型	偏移量	起始值	保持	从 HMI/OPC	从 H...	在 HMI...	设定值	监控
1	▼ Static									
2	心跳信号	Bool	0.0	false		☑	☑	☑		
3	急停	Bool	0.1	false		☑	☑	☑		
4	复位	Bool	0.2	false		☑	☑	☑		
5	加工模式	Int	2.0	0		☑	☑	☑		
6	AGV小车送料到位	Bool	4.0	false		☑	☑	☑		
7	AGV小车取料到位	Bool	4.1	false		☑	☑	☑		
8	对接RFID_回复	Int	6.0	0		☑	☑	☑		
9	托盘回流状态	Int	8.0	0		☑	☑	☑		

图 15-8　发送信息

	名称	数据类型	偏移量	起始值	保持	从 HMI/OPC	从 H...	在 HMI...	设定值	监控
1	▼ Static									
2	心跳信号	Bool	0.0	false		☑	☑	☑		
3	手动/自动	Bool	0.1	false		☑	☑	☑		
4	单机/联机	Bool	0.2	false		☑	☑	☑		
5	设备空闲	Bool	0.3	false		☑	☑	☑		
6	对接_允许AGV入料	Bool	0.4	false		☑	☑	☑		
7	对接_入料完成	Bool	0.5	false		☑	☑	☑		
8	对接_请求AGV取料	Bool	0.6	false		☑	☑	☑		
9	对接_出料完成	Bool	0.7	false		☑	☑	☑		
10	读取RFID	Int	2.0	0		☑	☑	☑		
11	报警状态	Int	4.0	0		☑	☑	☑		
12	活塞底座流程	Int	6.0	0		☑	☑	☑		
13	奖杯底座流程	Int	8.0	0		☑	☑	☑		

图 15-9　接收信息

四、工作页

学院		专业	
姓名		学号	

(1) 识读资料,完成各生产单元联机模式的准备,见表 15-1 ~ 表 15-10。

表 15-1 中央控制单元联机准备操作

序号	操作步骤及方法
1	合上主控柜的所有断路器
2	按下"系统上电"按钮,主控柜的控制面板上的绿灯亮起
3	确认 PLC、交换机、网关上电正常,且无报警
4	确认主控触摸屏上各站的通信状态是否正常、有无异常报警、是否在自动与联机状态,然后按下"自动启动"按钮,主站进入自动模式状态,主控准备好,等待 MES 下发任务即可

表 15-2 智能车削加工单元联机模式准备

序号	操作步骤及方法
1	设备上电完成,气源正常
2	机器人上电,机器人模式调整为"自动"模式,在示教器上确认模式切换
3	数控车床上电,NC 电源开启,进给、倍率开启,机床自动开启,确认机床轴位置,卡盘安全门在松开状态(若轴不在安全位,则需手动调用一次定位程序),确定刀具参数以及刀具位置无误
4	PLC 上电正常,无报警
5	确认快换工具放置位置、方向是否正确
6	手动模式下,在主页面单击"单机/联机"按钮,使设备进入联机模式。 注意:"单机/联机"模式,只能在设备处于手动状态下才能切换
7	按下"自动启动"按钮,使设备进入"自动"模式中(联机自动模式,三色灯绿灯常亮),联机自动模式开启完成,等待 MES 下发任务即可

表 15-3 智能四轴铣削加工单元联机模式准备

序号	操作步骤及方法
1	设备上电完成,气源正常
2	机器人上电,机器人模式调整为"自动"模式,在示教器上确认模式切换

续表

序号	操作步骤及方法
3	四轴加工中心上电，NC 电源开启，进给、倍率开启，机床自动开启，确认机床轴位置，卡盘安全门在松开状态（若轴不在安全位，则需手动调用一次定位程序），确定刀具参数以及刀具位置无误
4	PLC 上电正常，无报警
5	确认快换工具放置位置、方向是否正确
6	手动模式下，在主页面单击"单机/联机"按钮，使设备进入联机模式。 注意："单机/联机"模式，只能在设备处于手动状态下才能切换
7	按下"自动启动"按钮，使设备进入"自动"模式中（联机自动模式，三色灯绿灯常亮），联机自动模式开启完成，等待 MES 下发任务即可

表15-4　智能三轴铣削加工单元联机模式准备

序号	操作步骤及方法
1	设备上电完成，气源正常
2	机器人上电，机器人模式调整为"自动"，在示教器上确认模式切换
3	三轴加工中心上电，NC 电源开启，进给、倍率开启，机床自动开启，确认机床轴位置，卡盘安全门在松开状态（若轴不在安全位，则需手动调用一次定位程序），确定刀具参数以及刀具位置无误
4	PLC 上电正常，无报警
5	确认快换工具放置位置、方向是否正确
6	手动模式下，在主页面单击"单机/联机"按钮，使设备进入联机模式。 注意："单机/联机"模式，只能在设备处于手动状态下才能切换
7	按下"自动启动"按钮，使设备进入"自动"模式中（联机自动模式，三色灯绿灯常亮），联机自动模式开启完成，等待 MES 下发任务即可

表15-5　智能检测单元联机模式准备

序号	操作步骤及方法
1	设备上电完成，气源正常
2	机器人上电，机器人模式调整为"自动"，在示教器上确认模式切换
3	确认并打开三坐标机电源开关，打开三坐标机电脑，并打开 NET. DMIS 软件，三坐标机回零，开启软件后默认弹出机器回零窗口，若 X、Y、Z 三轴开机后不在零点位置，则单击"开始"按钮，机器执行自动回零点操作，在菜单栏中单击专用软件，下拉找到"自动化"按钮并单击进入，勾选"PLC 连接"，并单击下方"运行"按钮进行机器与 PLC 之间的网络连接

续表

序号	操作步骤及方法
4	将机器视觉设置成准备状态：开机，打开软件，确认处于通信状态
5	PLC 上电正常，无报警
6	确认快换工具放置位置、方向是否正确
7	手动模式下，在主页面单击"单机/联机"按钮，使设备进入联机模式 注意："单机/联机"模式，只能在设备处于手动状态下才能切换
8	按下"自动启动"按钮，使设备进入"自动"模式中（联机自动模式，三色灯绿灯常亮），联机自动模式开启完成，等待 MES 下发任务即可

表 15-6　智能组装单元联机模式准备

序号	操作步骤及方法
1	设备上电完成，气源正常
2	机器人上电、机器人模式调整为"自动"模式，在示教器上确认模式切换
3	确认存校徽机构中有校徽
4	PLC 上电正常，无报警
5	确认快换工具放置位置、方向是否正确
6	手动模式下，在主页面单击"单机/联机"按钮，使设备进入联机模式。 注意："单机/联机"模式，只能在设备处于手动状态下才能切换
7	按下"自动启动"按钮，使设备进入"自动"模式中（联机自动模式，三色灯绿灯常亮），联机自动模式开启完成，等待 MES 下发任务即可

表 15-7　智能总装单元联机模式准备

序号	操作步骤及方法
1	设备上电完成，气源正常
2	机器人上电，机器人模式调整为"自动"模式，在示教器上确认模式切换
3	确认供螺丝机构有螺丝
4	PLC 上电正常，无报警
5	确认快换工具放置位置、方向是否正确
6	手动模式下，在主页面单击"单机/联机"按钮，使设备进入联机模式。 注意："单机/联机"模式，只能在设备处于手动状态下才能切换
7	按下"自动启动"按钮，使设备进入"自动"模式中（联机自动模式，三色灯绿灯常亮），联机自动模式开启完成，等待 MES 下发任务即可

表 15-8　智能巷道仓储单元联机模式准备

序号	操作步骤及方法
1	设备上电完成,气源正常
2	PLC 上电正常,无报警,X、Y、Z 轴回原点完成(轴就绪后,在确认各轴处于安全无干涉的情况下,可单击"一键回零"使三轴伺服回原点完成)
3	手动模式下,在主页面单击"单机/联机"按钮,使设备进入联机模式。 注意:"单机/联机"模式,只能在设备处于手动状态下才能切换
4	按下"自动启动"按钮,使设备进入"自动"模式中(联机自动模式,三色灯绿灯常亮),联机自动模式开启完成,等待 MES 下发任务即可

表 15-9　智能环形仓储单元联机模式准备

序号	操作步骤及方法
1	设备上电完成,气源正常
2	机器人上电,机器人模式调整为"自动"模式,在示教器上确认模式切换
3	PLC 上电正常,无报警
4	手动模式下,在主页面单击"单机/联机"按钮,使设备进入联机模式。 注意:"单机/联机"模式,只能在设备处于手动状态下才能切换
5	按下"自动启动"按钮,使设备进入"自动"模式中(联机自动模式,三色灯绿灯常亮),联机自动模式开启完成,等待 MES 下发任务即可

表 15-10　质检打标单元联机模式准备

序号	操作步骤及方法
1	设备上电完成,气源正常
2	机器人上电,机器人模式调整为"自动",在示教器上确认模式切换
3	PLC 上电正常,无报警
4	确认激光打标机上电,电脑开机,然后选择电脑桌面上"CHL"打标文件
5	手动模式下,在主页面点击"单机/联机"按钮,使设备进入联机模式。 注意:"单机/联机"模式,只能在设备处于手动状态下才能切换
6	按下"自动启动"按钮,使设备进入"自动"模式中(联机自动模式,三色灯绿灯常亮),联机自动模式开启完成,等待 MES 下发任务即可

2. 启动 AGV 小车和 MES 操作系统

1）启动 AGV 小车

（1）按下电源键，AGV 小车后方"急停"键旁边的黑色按钮就是"电源"键，按下"电源"键就会开机。

（2）查看 AGV 指示灯，显示绿色，表示 AGV 小车启动成功。

2）启动 MES 操作系统

（1）启动 activemq.bat，双击打开即可（需要等待 1 min）。

（2）启动 Startup.bat，双击打开即可（需要等待 1 min）。

3. 登录 MES 系统下发生产任务

1）活塞连杆毛料的入库

以生产计划员的角色，登录 MES 系统。

选择"活塞连杆毛料（入立体库）"，单击"保存"，再单击"提交入库单"，系统自动生成入库编号（见图 15-10），等待毛料入库。

| RK20220424-00003 | 活塞连杆毛料(入立体库) |

图 15-10 入库编号（手工入库）

在接驳机构上放置托盘及活塞连杆毛料，系统安排其自动入库，当现场设备完成入库时，"待入库"状态会变成"可用"状态。

2）生产订单的录入

在订单录入界面的"产品工艺"选择"活塞连杆（并列加工&组装&打标）"，"排产方式"选择"正向排产"，"日期"中设定好开始生产日期，如图 15-11 所示，再单击"提交"。

*订单编号：	系统自动生成		
*产品工艺：	活塞连杆(并列加工&组装&打标)	*产品物料：	活塞连杆(并列加工&组装&打标)
*需求数量：	1	*日期：	2022-04-24
*排产方式：	正向排产		

图 15-11 录入生产订单

3）生产订单的审批

生产订单录入完成，生产主管在代办任务中查看订单信息后，可填写审批意见，单击"签收"，最后单击"提交"同意生产该生产计划员所提交的订单。

4）生产计划的下发

在生产订单录入界面的操作栏中单击"运算"，生成生产计划。在生产计划下发界面中勾选"活塞连杆加工组装打标"，单击"计划下发"，完成生产计划下发的操作。

5）设备作业派工

在设备作业派工界面中勾选作业任务"活塞连杆加工组装打标"，单击"设备作业派工"。在设备选择页面中选择"活塞连杆加工组装打标"，并确定，该作业任务的状态切换为"已派工"，如图 15-12 所示。

| 活塞连杆(并列加... | 活塞连杆加工组装... | 加工组装单元 | 设备作业单元 | 2022-04-24 | 2022-04-24 | 6 | 已派工 |

图 15-12　已完成作业派工

6）设备作业

在生产执行中心的设备作业中选择"活塞连杆加工组装打标"，单击"执行任务"，让设备开始执行生产作业任务。在等待 30 s 后对应设备会开始执行作业任务，如图 15-13 所示。

| 活塞连杆加工组装打标 | SDKJ-13 | 活塞连杆加工组装打标 | 执行中 |

图 15-13　设备作业

7）生产信息监控

在信息监控中心，可通过大屏总体监控、立体库仓储看板、设备运行监控 1、设备运行监控 2、设备运行监控 3，对 MES 系统的各项数据进行监控。

五、评价反馈

评价项目	分值	序号	评分标准	评分分值	自评	师评
职业素养	20 分	①	遵守操作规程，养成严谨科学的工作态度	缺乏规范扣 5 分		
		②	尊重他人劳动，不窃取他人成果，即独立完成工作任务	缺乏素养扣 5 分		
		③	严格执行 5S 现场管理	不达标扣 5 分		
		④	积极出勤，工作态度良好	不达标扣 5 分		
知识准备	30 分	①	了解活塞连杆加工并组装打标的智能制造生产流程	不了解，每错一处扣 5 分，共 10 分		
		②	了解 Modbus TCP 实现 RFID 读写器和 S7-1200 PLC 通信	不了解，每错一处扣 5 分，共 10 分		
		③	了解 S7 通信实现 S7-1200 PLC 与 S7-1500 PLC 通信	不了解，每错一处扣 5 分，共 10 分		
任务实施	50 分	①	能正确完成各设备单站的联机准备	能正确完成各设备单站联机模式的准备，每错一处扣 5 分，共 20 分		
		②	能正确完成 AGV 小车的启动	能正确完成 AGV 小车的启动，得 5 分		
		③	能正确完成 MES 系统的启动	能正确完成 MES 系统的启动，得 5 分		
		④	能在 MES 系统中正确下发生产任务	能正确完成 MES 系统相关操作，得 20 分		

参 考 文 献

[1] 张春芝，钟柱培，许妍妩. 工业机器人操作与编程［M］. 北京：高等教育出版社，2018.
[2] 北京华航唯实机器人科技股份有限公司. 工业机器人集成应用（ABB）中级［M］. 北京：高等教育出版社，2021.
[3] 郑泽民，刘毅. 新型智能车库技术解决方案及推广建议［J］. 建筑机械，2018（8）：5.
[4] 郭林锋. RFID 安全协议的设计与分析［J］. 计算机学报，2006（4）：29.
[5] 北京华航唯实机器人科技股份有限公司. 工业机器人集成应用（ABB）高级［M］. 北京：高等教育出版社，2021.